中国轻工业“十四五”规划教材

高等学校食品科学与工程类专业教材

仪器分析实验指导

陈永生　朱勇　主编

中国轻工业出版社

图书在版编目（CIP）数据

仪器分析实验指导 / 陈永生，朱勇主编 . — 北京：中国轻工业出版社，2024.6

ISBN 978-7-5184-4586-8

Ⅰ. ①仪… Ⅱ. ①陈… ②朱… Ⅲ. ①仪器分析—实验 Ⅳ. ①O657-33

中国国家版本馆 CIP 数据核字（2023）第 200212 号

责任编辑：马　妍　巩孟悦
策划编辑：马　妍　　　责任终审：许春英　　封面设计：锋尚设计
版式设计：砚祥志远　　责任校对：晋　洁　　责任监印：张　可

出版发行：中国轻工业出版社（北京鲁谷东街 5 号，邮编：100040）
印　　刷：三河市国英印务有限公司
经　　销：各地新华书店
版　　次：2024 年 6 月第 1 版第 1 次印刷
开　　本：787×1092　1/16　印张：10.25
字　　数：236 千字
书　　号：ISBN 978-7-5184-4586-8　定价：30.00 元
邮购电话：010-85119873
发行电话：010-85119832　010-85119912
网　　址：http://www.chlip.com.cn
Email：club@chlip.com.cn

220214J1X101ZBW

前言 | Preface

仪器分析在推动科学研究方面具有重要意义。通过仪器分析手段，可以更深入地研究物质的结构和性质。在化学领域，可以发现新的化学反应和合成方法；在生物学领域，可以帮助科学家们解析生命过程的微观机制，为生物医学研究提供有力支持。

本书是仪器分析课程配套的实验教材，注重理论和实践相结合。通过动手实践现代仪器的操作，熟悉现代仪器的结构、工作原理，加深对仪器分析知识的理解，提高发现问题、分析问题及解决问题的能力。

本书主要特点如下：①引入高效液相色谱仪、气相色谱仪、自动电位滴定仪、荧光分光光度计、荧光倒置显微镜教学视频数字资源，这些数字资源具有科普性、知识性、引导性，学生可以通过扫描二维码观看视频直接进入拓展学习，增强学生的求知欲和学习的主动性；②理论性与实践性相结合，全面系统地介绍样品采集与处理、实验室基础知识、数据处理及综合实验；③新颖性与前沿性相结合，把仪器分析领域的科研成果融入到教材中，突出教材的学术前沿性和新颖性。

本书不仅可作为高等院校食品科学与工程、应用化学、化学生物学、环境工程、制药工程等专业的教材，也可作为相关研究院所和生产企业研究人员及工程技术人员的参考书。

本书由暨南大学食品科学与工程系陈永生副研究员、贵州大学酿酒与食品工程学院朱勇副教授担任主编，佛山科学技术学院李国强副教授、暨南大学刘付、广东科贸职业学院付尽国高级工程师参编。全书共十章，编写分工为：第一章、第二章、第十章由暨南大学陈永生编写，第三章、第四章、第六章、第七章和第九章由贵州大学朱勇编写，第五章由暨南大学刘付和佛山科学技术学院李国强编写，第八章及辅助教学视频气相色谱仪的拍摄由广东科贸职业学院的付尽国完成。全书由陈永生修改统稿，并进行配套电子辅助教学资源的开发。

本书在编写过程中得到了很多同志的支持和帮助，暨南大学食品科学与工程系的在读研究生吕金羚、张锦、吴过之、杨明晨为本书的文字、图表处理做了大量的贡献，在此一并感谢。本书得到了 2022 年度暨南大学教学质量与教学改革工程——青年教师编写教材资助项目的资助（JC2022016）。

尽管本书的编者希望倾其所学编出一本优秀的教材，但水平所限，我们恳切希望读者对书中错误及不妥之处，不吝批评指正。

编者

2024 年 3 月

目录 Contents

CHAPTER 1

第一章 仪器分析实验的要求

第一节　仪器分析实验的教学目的

仪器分析实验是仪器分析课程的重要组成部分。它是学生在教师的指导下，以分析仪器为工具，亲自动手获得所需物质的化学组成、结构和形态等信息的教学实践活动。通过仪器分析实验，加深对有关仪器分析方法基本原理的理解，掌握仪器分析实验的基本知识和技能；学会正确地使用分析仪器，合理地选择实验条件，正确地处理数据和表达实验结果；培养严谨求是的科学态度、科技创新和独立工作的能力。

第二节　仪器分析实验的要求

一、实验预习

（1）预习是做好实验的前提。每次实验课前，应根据实验指导教师对实验预习的要求进行预习。

（2）准备一个实验记录本，实验记录本应有封面，并注明姓名、班级、学号。

（3）实验预习一般应达到下列要求。

①阅读实验教材、参考资料，明确本次实验的目的及全部内容。对实验仪器要有初步了解，实验前要通过预习知道需要使用哪些仪器，并对仪器的相关知识进行初步学习（特别是仪器的操作要领、注意事项）。

②掌握本次实验的主要内容，重点阅读实验中有关实验操作技术及注意事项的内容。

③按教材规定设计实验方案，回答实验教材中的思考题。

④提出自己不懂的问题。自己尝试总结实验所体现的思想，并与教师上课所讲授的内容进行比较、归纳，以提高后期实验报告的质量。

⑤绘制记录测量数据的表格，一式两份。

总之，实验前要认真阅读教材，明确实验目的和要求，理解实验原理，掌握实验方案，初步了解仪器的构造原理和使用方法，在此基础上写出预习报告。

二、实验数据的记录

对测量数据进行读数和记录时，应注意以下几个问题。

（1）实验过程中的各种数据要及时、真实、准确而清楚地记录下来，并应用一定的表格形式，使数据记录得有条理，且不容易遗漏。

（2）使用指针式显示仪表读数时，应使视线通过指针与刻度标尺盘垂直，读数指针应对准刻度值。有些仪表刻度盘附有镜面，读数时只要指针和镜面内的指针像重合就可读数。记录式显示仪表，如记录仪，记录纸上的数值可以从记录纸上印格读出，也可用尺子测量。

（3）记录测量数据时，应注意有效数字的位数。例如，用分光光度计测量溶液吸光度时，如吸光度在 0.8 以下，应记录 0.001 的读数；大于 0.8 而小于 1.5 时，则要求记录 0.01 的读数；如吸光度在 1.5 以上，就失去了准确读数的实际意义。其他等分刻度的量器和显示仪表，应记录所得全部有效数字，即要求记录至最小分度值的后一位。

（4）记录的原始数据不得随意涂改，如需要废弃某些数据，应划掉重记。

三、实验报告

一份简明、严谨、整洁的实验报告是某一实验的记录和总结的综合反映。仪器分析实验报告要认真独立完成，一般应包括以下内容。

（1）实验名称、完成日期、实验者姓名及合作者姓名。

（2）实验目的。

（3）实验原理。

（4）主要仪器（生产厂家、型号）及试剂（浓度、配制方法）。

（5）主要实验步骤。

（6）实验数据的原始记录及数据处理。

（7）结果处理，包括图、表、计算公式及实验结果。

（8）有关实验的讨论及思考题。

思考题

1. 实验预习一般应达到哪些要求？
2. 实验数据的记录要注意哪些问题？
3. 仪器分析实验报告一般包括哪些内容？

第二章 样品的采集与处理

CHAPTER 2

第一节 样品的采集

一、样品的采集原则

分析检验的第一步就是样品的采集，从大量的分析对象中抽取有代表性的一部分作为分析材料（分析样品），这项工作称为样品的采集，简称采样。

采样是一种困难而且需要非常谨慎的操作过程。要从一大批被测产品中，采集到能代表整批被测物质质量的小量样品，必须遵守一定的规则，掌握适当的方法，并防止在采样过程中，造成某种成分的损失或外来成分的污染。

被检物品可能有不同形态，如固态、液态或固液混合态等。固态的被检物可能因颗粒大小、堆放位置不同而带来差异，液态的被检物可能因混合不均匀或分层而导致差异，采样时都应予以注意。

正确采样必须遵循的原则有以下五点：第一，采集的样品须具有代表性；第二，采样方法须与分析目的保持一致；第三，采样及样品制备过程中应设法保持样品原有的理化指标，避免预测组分发生化学变化或丢失；第四，要防止和避免预测组分的污染；第五，样品的处理过程尽可能简单易行，所用样品处理装置尺寸应当与处理的样品量相适应。

采样之前，对样品的环境和现场进行充分的调查是必要的，需要弄清的问题如下：

（1）采样的地点和现场条件如何。

（2）样品中的主要组分是什么，含量范围如何。

（3）采样完成后要做哪些分析测定项目。

（4）样品中可能会存在的物质组成是什么。

样品采集是分析工作中的重要环节，如果采样不合适或非专业方法，即使采取可靠正确的测定方法也可能得出错误的结果。

二、样品的分类

按照样品采集的过程，依次得到检样、原始样品和平均样品三类。

1. 检样

由组批或货批中所抽取的样品称为检样。检样的多少，按其产品标准中检验规则所规定的抽样方法和数量执行。

2. 原始样品

将许多份检样综合在一起称为原始样品。原始样品的数量根据受检物品的特点、数量和满足检验的要求而定。

3. 平均样品

将原始样品按照规定方法混合平均，均匀地分出一部分，称为平均样品。从平均样品中分出三份，一份用于全部项目检验；一份用于在对检验结果有争议或分歧时作复检用，称作复检样品；另一份作为保留样品，需封存保留一段时间（通常是 1 个月），以备有争议时再作验证，但易变质样品不作保留。

三、采样的一般方法

样品的采集一般分为随机抽样和代表性取样两类。随机抽样，即按照随机原则，从大批物料中抽取部分样品。操作时，应使所有物料的各个部分都有被抽到的机会。代表性取样，是用系统抽样法进行采样，根据样品随空间（位置）、时间变化的规律，采集能代表其相应部分的组成和质量的样品，如分层取样、随生产过程流动定时取样、按组批取样、定期抽取货架商品取样等。

随机抽样可以避免人为倾向，但是，对于不均匀样品，仅用随机抽样法是不够的，必须结合代表性取样，从有代表性的各个部分分别取样，才能保证样品的代表性。

具体的取样方法因分析对象的不同而异。对于粮食、油料类物品，由原始样品充分混合均匀，进而分取平均样品或试样的过程，称为分样。分样常用的方法有四分法分样和自动机械式分样，如图 2-1、图 2-2 所示。

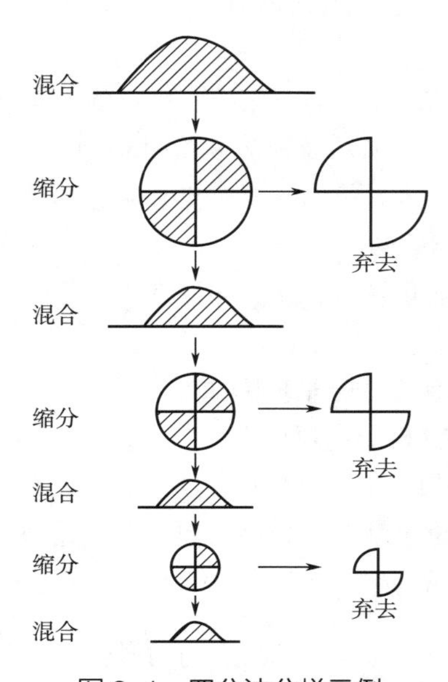

图 2-1 四分法分样示例

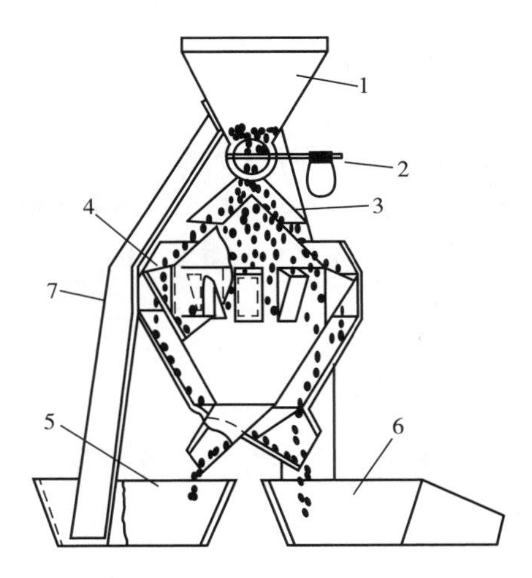

图 2-2　机械式分样器

1—漏斗；2—漏斗开关；3—圆锥体；4—分样格；5，6—接样斗；7—支架。

四、采样要求与注意事项

为保证采样的公正性和严肃性，确保分析数据的可靠，国家标准对采样过程提出了相关要求。

（一）农产品采样

农产品采样是否规范是农产品检测结果准确与否的前提条件，是专业技术人员必须掌握的一项基本技能。农产品样品采样涉及的相关标准很多，主要有 NY/T 2103—2011《蔬菜抽样技术规范》、NY/T 789—2004《农药残留分析样本的采样方法》、NY/T 762—2004《蔬菜农药残留检测抽样规范》、NY/T 5344. 4—2006《无公害食品　产品抽样规范　第 4 部分：水果》、NY/T 5344. 2—2006《无公害食品　产品抽样规范　第 2 部分：粮油》等。

（二）水质采样

水质采样点布设是否合理关系到水质监测分析数据是否有代表性，能否真实地反映水质现状及变化趋势的关键问题。为获得完整的水质信息，除了要关注采样布点，还需要关注采样器和贮样容器等。为统一水利行业水质采样技术的标准化，规范化保证水质监测成果的代表性、可靠性、可比性、科学性及公正性，SL 187—1996《水质采样技术规程》、HJ/T 52—1999《水质　河流采样技术指导》、HJ 493—2009《水质采样　样品的保存和管理技术规定》、HJ 495—2009《水质　采样方案设计技术规定》规定了采样要求。

（三）微生物采样

微生物样品种类可分为大样、中样、小样三种。大样指一整批样品，中样是从样品各部分取得的混合样品，小样指检测用的检样。微生物采样方法如下。

（1）微生物采样必须遵循无菌操作原则。预先准备好的消毒采样工具和容器必须在采样时方可打开，采样时最好两人操作，一人负责取样，另一人协助打开采样瓶、包装和封口；尽量从未开封的包装内取样。

（2）采样前，操作人员先用 75%酒精棉球消毒手，再用 75%酒精棉球将采样开口处周围抹擦消毒，然后将容器打开。

（3）袋装、瓶装、罐装食品等包装食品，应采完整未开封的样品。散装固体、半固体、粉末状样品，可用灭菌小勺或小匙进行采样；如果样品很大，则需用无菌采样器采样；固体粉末样品，应边取边混合；冷冻食品应保持冷冻状态采样。

（4）瓶装液体样品采样前，应先用灭菌玻璃棒搅拌均匀，有活塞的用75%酒精棉球将采样开口周围抹擦消毒，然后打开活塞，先将内容物倒出一些后，再用灭菌样本容器接取样本，在酒精灯火焰上端高温区封口。

（5）散装液体样品通过振摇混匀用灭菌玻璃细管采样，样本取出后，将其装入灭菌样本容器，在酒精灯上用火焰消毒后加盖密封。

（6）对生产工具、设备、食具表面的采样可采取刮涂法、涂抹法、滤纸贴附法、洗脱法。

（四）化学试剂采样

HG/T 3921—2006《化学试剂　采样及验收规则》规定了化学试剂包装前、后的采样和成品验收的基本原则及方法。

（1）按工艺周期生产得到的物料为一批进行采样。

（2）对易吸潮产品，采样时必须采取具体措施，以防止待采物料受潮变质。

（3）采样后的样品，应尽快按照产品的技术标准进行检验。

国家标准 GB/T 5009.1—2003《食品卫生检验方法　理化部分　总则》对采样过程提出了以下要求，对于非商品检验场合，也可供参考。

（1）采样必须注意生产日期、批号、代表性和均匀性（掺伪食品和食物中毒样品除外）。采集的数量应能反映该食品的卫生质量和满足检验项目对样品量的需要，一式三份，供检验、复验、备查或仲裁，一般散装样品每份不少于 0.5kg。

（2）采样容器根据检验项目，选用硬质玻璃瓶或聚乙烯制品。

（3）外埠食品应结合索取卫生许可证、生产许可证及检验合格证或化验单，了解发货日期、来源地点、数量、品质及包装情况。如在食品厂、仓库或商店采样时，应了解食品的生产批号、生产日期、厂方检验记录及现场卫生情况，同时注意食品的运输、保存条件、外观、包装容器等情况。要认真填写采样记录，无采样记录的样品不得接受检验。

（4）液体、半流体食品如植物油、鲜乳、酒或其他饮料，如用大桶或大罐盛装者，应先充分混匀后再采样，样品分别盛放在 3 个干净的容器中。

（5）粮食及固体食品应自每批食品上、中、下 3 层中的不同部位分别采取部分样品，混合后按四分法得到有代表性的样品。

（6）肉类、水产等食品应按分析项目要求分别采取不同部位的样品或混合后采样。

（7）罐头、瓶装食品或其他小包装食品，应根据批号随机取样，同一批号取样件数，250g 以上的包装不得少于 6 个，250g 以下的包装不得少于 10 个。

（8）掺伪食品和食物中毒的样品采集，要具有典型性。

（9）检验后的样品保存，一般样品在检验结束后，应保留 1 个月，以备需要时复检。易变质食品不予保留。检验取样一般皆指取可食部分，以所检验的样品计算。

（10）感官不合格产品不必进行理化检验，直接判为不合格产品。

第二节　样品的预处理

一、样品预处理的目的与要求

在分析过程中，由于原料种类繁多，组成复杂，而且组分之间往往又以复杂的结合形式存在，常对直接分析带来干扰。这就需要在正式测定之前，对样品进行适当处理，使被测组分同其他组分分离，或者将干扰物质除去。有些被测组分由于浓度太低或含量太少，直接测定有困难，这就需要将被测组分进行浓缩，这些过程称作样品的预处理。此外，样品中有些被测组分常有较大的不稳定性（如微生物的作用、酶的作用或化学改性等），需要经过样品的预处理才能获得可靠的测定结果。样品预处理的原则有以下三点：①消除干扰因素；②完整保留被测组分；③使被测组分浓缩。

二、样品预处理的方法

样品预处理的方法，应根据项目测定的需要和样品的组成及性质而定。在各项目的分析检验方法标准中都有相应的规定和介绍。常用的方法有以下几种。

（一）有机物破坏法

在测定食品或食品原料中金属元素和某些非金属元素，如砷、硫、氮、磷等的含量时常用这种方法。这些元素有的是构成食物中蛋白质等高分子有机化合物本身的成分，有的则是因受污染而引入的，并常常与蛋白质等有机物紧密结合在一起。在进行检验时，必须对样品进行处理，使有机物在高温或强氧化条件下破坏，被测元素以简单的无机化合物形式出现，从而易被分析测定。

有机物破坏的方法，因原料的组成及被测元素的性质不同可有许多不同的操作条件，选择的原则应是：

（1）方法简便，使用试剂越少越好。

（2）方法耗时越短，有机物破坏得越彻底越好。

（3）被测元素不受损失，破坏后的溶液容易处理，不影响以后的测定步骤。

1. 干法灰化法

干法灰化法是将样品在坩埚中，先小心炭化，然后再高温灼烧（500～600℃），有机物被灼烧分解，最后只剩下无机物（无机灰分）的方法。

为了缩短灰化时间，促进灰化完全，防止有些元素的挥发损失，通常向样品中加入硝酸、过氧化氢等灰化助剂，这些物质在灼烧后完全消失，不增加残灰的质量，可起到加速灰化的作用。有时可添加氧化镁、碳酸盐、硝酸盐等助剂，它们与灰分混杂在一起，使炭粒不被覆盖，但应做空白试验。

干法灰化法的优点是有机物破坏彻底，操作简便，使用试剂少，适用于除砷、汞、铅等以外的金属元素的测定，因为灼烧温度较高，这几种金属容易在高温下挥发损失。

2. 湿法消化法

湿法消化法是在强酸、强氧化并加热的条件下，有机物被分解，其中的C、H、O等元素以CO_2、H_2O等形式挥发逸出，无机盐和金属离子则留在溶液中。湿法消化所用的试剂有：硫酸、硫酸-硝酸、高氯酸-硝酸-硫酸、高氯酸-硫酸、硝酸-高氯酸等。在整个消化过程中，都在液体状态下加热进行，故称为湿法消化。

湿法消化的特点是加热温度较干法低，减少了金属挥发逸散的损失。但在消化过程中，产生大量有毒气体，操作需在通风橱中进行。此外，在消化初期，产生大量泡沫易冲出瓶颈，造成损失，故需操作人员随时查看，操作中还应控制火力，注意防爆。

湿法消化耗用试剂较多，在做样品消化的同时，必须做空白试验。

近年来，高压消解罐消化法得到广泛应用。此法是在聚四氟乙烯内罐中加入样品和消化剂，放入密封罐内并在120~150℃烘箱中保温数小时。此法克服了常压湿法消化的一些缺点，但要求密封程度高，高压消解罐的使用寿命有限。

3. 紫外光分解法

紫外光分解法是一种消解样品中的有机物从而测定其中的无机离子的氧化分解法。紫外光由高压汞灯提供，在(85±5)℃下进行光解。为了加速有机物的降解，在光解过程中通常加入双氧水。光解时间可根据样品的类型和有机物的量而改变。测定植物样品中的Cl^-、Br^-、SO_4^{2-}、PO_4^{3-}、Cd^{2+}、Cu^{2+}、Zn^{2+}、Co^{2+}等离子时，称取50~300mg磨碎或匀化的样品置于石英管中，加入1~2mL双氧水(30%)后，用紫外光光解60~120min即可将其完全分解。

4. 微波消解法

微波消解法是一种利用微波为能量对样品进行消解的技术，包括溶解、干燥、灰化、浸取等，该法适于处理大批量样品及萃取极性与热不稳定的化合物。微波消解法以其快速、溶解用量少、节省能源、易于实现自动化等优点而广泛应用，已用于消解废水、废渣、淤泥、生物组织、流体、医药等多种试样，被认为是“理化分析实验室的一次技术革命”。美国公共卫生组织已将该法作为测定金属离子时消解植物样品的标准方法。

Yamane等报道了用微波消解法测定大米粉样品中的Pb、Cd、Mn时，用硝酸及盐酸的混合液为消化液，其做法是：称取300mg样品于Teflon PFA消解容器内，加入2mL HNO_3及0. 3mL 0. 6mol/L HCl，微波消解5min。经典的氨基酸水解需在110℃水解24h，而用微波消解法只需150℃，10~30min，不但能够切断大多数的肽键，而且不会造成丝氨酸和苏氨酸的损失。标准酸水解消化液常用浓度为30%的HCl，此法不能定量测定胱氨酸和色氨酸。如欲测定蛋白质样品中的所有氨基酸，需采用3种不同的水解方式：标准水解法、氧化后再水解(甲酸双氧水氧化)及碱性条件下水解。不管用何种水解方式，在微波炉内水解蛋白质都可极大地减少水解时间。

(二)蒸馏法

蒸馏法是利用被测物质中各组分挥发性的不同来进行分离的方法。可以用于除去干扰组分，也可用于被测组分的抽提。例如，测定样品中挥发性酸含量时，可用水蒸气蒸馏样品，将馏出的蒸汽冷凝，测定冷凝液中酸的含量即为样品中挥发性酸含量。根据样品中待测定成分性质的不同，可采用常压蒸馏、减压蒸馏、水蒸气蒸馏等方式。近年来已有带微处理器的自动控制蒸馏系统，使分析人员能够控制加热速度、蒸馏容器和蒸馏头的温度及系统中的冷凝器和回流阀门等，使蒸馏法的安全性和效率得到很大提高。

（三）溶剂抽提法

溶剂抽提法是使用无机溶剂，如水、稀酸、稀碱溶液，或有机溶剂如乙醇、乙醛、石油醚、氯仿、丙酮等，从样品中抽提被测物质或除去干扰物质，是常用的处理食品样品的方法。

被提取的样品，可以是固体或液体。用溶剂浸泡固体样品，抽提其中的溶质，习惯上称为浸提，例如，用水浸提固体原料中的糖分，用石油醚浸提肉制品中的油脂等。用溶剂提取与它互不相溶或部分相溶的液体样品中的溶质，称为萃取。例如，测定饮料中糖精钠、苯甲酸的含量时，用乙醚（酸性条件下）萃取出饮料中的糖精钠或苯甲酸后，再挥发除去溶剂，最后用层析法或比色法测定。

经典的抽提方法有振荡浸提法、索氏抽提法和连续液-液萃取法等。加速溶剂提取（ASE）是一种全新的处理固体和半固体样品的方法，该法是在较高的温度（50~200℃）和压力（10.3~20.6MPa）下用有机溶剂萃取样品。ASE 的突出优点是有机溶剂用量少（1g 样品仅需 1.5mL 溶剂）、快速（约 15min）和回收率高，已成为样品前处理最佳方式之一，广泛用于环境、药物、食品和高聚物等样品的前处理，特别是残留农药的分析。市面已有加速溶剂萃取仪商品供应。

超临界流体萃取（SFE）是 20 世纪 70 年代开始用于工业生产中有机化合物萃取的，它是用超临界流体（最常用的是 CO_2）作为萃取剂，从各组分复杂的样品中，把所需要的组分分离提取出来的一种分离提取技术。已有人将其用于色谱分析样品处理中，也可与色谱仪实现在线联用，如 SFE-GC、SFF-HPLC 和 SFE-MS 等。

微波萃取（MAE）是一种萃取速度快、试剂用量少、回收率高、灵敏以及易于自动控制的新的样品制备技术。可用于色谱分析的样品制备，特别是从一些固体样品，如蔬菜、粮食、水果、茶叶、土壤以及生物样品中萃取六六六、滴滴涕（DDT）等残留农药。目前很多国家和地区已经禁止使用六六六和 DDT，但其对环境污染过于严重残效期很长。另外，世界卫生组织于 2002 年宣布，DDT 可用于控制蚊子的繁殖以及预防疟疾、登革热、黄热病等，故对其检测还必不可少。

（四）色层分离法

色层分离法又称色谱分离法，是在载体上进行物质分离的一系列方法的总称。根据分离原理的不同，可分为吸附色谱分离、分配色谱分离和离子交换色谱分离等。

1. 吸附色谱分离

利用聚酰胺、硅胶、硅藻土、氧化铝等吸附剂经活化处理后所具有的适当的吸附能力，对被测成分或干扰组分进行选择性吸附而进行的分离称吸附色谱分离。例如，聚酰胺对色素有强大的吸附力，而其他组分则难以被其吸附，在测定食品中色素含量时，常用聚酰胺吸附色素，经过滤洗涤，再用适当溶剂解吸，可以得到较纯净的色素溶液，供测试用。

2. 分配色谱分离

分配色谱分离是以分配作用为主的色谱分离法。根据不同物质在两相间的分配比不同进行分离。两相中的一相是流动的（称流动相），另一相是固定的（称固定相）。被分离的组分在流动相中沿着固定相移动的过程中，由于不同物质在两相中具有不同的分配比，当溶剂渗透在固定相中并向上渗展时，这些物质在两相中的分配作用反复进行，从而达到分离的目的。例如，多糖类样品的纸上层析。

3. 离子交换色谱分离

离子交换色谱分离法是利用离子交换剂与溶液中的离子之间所发生的交换反应来进行分离的方法。分为阳离子交换和阴离子交换两种。交换作用可用下列反应式表示。

阳离子交换： $R—H+M^{+}X^{-}=R—M+HX$ （2-1）

阴离子交换： $R—OH+M^{+}X^{-}=R—X+MOH$ （2-2）

式中 R——离子交换剂的母体；

MX——溶液中被交换的物质。

当将被测离子溶液与离子交换剂一起混合振荡，或将样液缓慢通过离子交换剂时，被测离子或干扰离子留在离子交换剂上，被交换出的 H^{+} 或 OH^{-}，以及不发生交换反应的其他物质留在溶液内，从而达到分离的目的。在仪器分析中，可应用离子交换色谱分离法制备无氨水、无铅水。离子交换色谱分离法还常用于较为复杂的样品。

（五）化学分离法

1. 磺化法和皂化法

磺化法和皂化法是除去油脂的一种方法，常用于农药分析中样品的净化。

（1）磺化法 本法是用浓硫酸处理样品提取液，能有效地除去脂肪、色素等干扰杂质。其原理是浓硫酸能使脂肪磺化，并与脂肪和色素中的不饱和键起加成作用，形成可溶于硫酸和水的强极性化合物，不再被弱极性的有机溶剂所溶解，从而达到分离净化的目的。此法简单、快速、净化效果好，但仅适用于对强酸稳定的被测组分的分离。如用于农药分析时，仅限于在强酸介质中稳定的农药（如有机氯农药中六六六、DDT）提取液的净化，其回收率在80%以上。

（2）皂化法 本法是用热碱溶液处理样品提取液，以除去脂肪等干扰杂质。其原理是利用氢氧化钾-乙醇溶液将脂肪等杂质皂化除去，以达到净化目的。此法仅适用于对碱稳定的组分，如维生素 A、维生素 D 等提取液的净化。

2. 沉淀分离法

沉淀分离法是利用沉淀反应进行分离的方法。在试样中加入适当的沉淀剂，使被测组分沉淀下来，或将干扰组分沉淀下来，经过滤或离心将沉淀与母液分开，从而达到分离目的。例如，测定混合溶液中糖精钠含量时，可在试剂中加入碱性硫酸铜，将蛋白质等干扰杂质沉淀下来，而糖精钠仍留在混合溶液中，经过滤除去沉淀后，取滤液进行分析。

3. 掩蔽法

掩蔽法是利用掩蔽剂与样液中干扰成分反应，使干扰成分转变为不干扰测定状态，即被掩蔽起来。运用这种方法可以不经过分离干扰成分的操作而消除其干扰作用，简化分析步骤，因而在仪器分析中应用十分广泛，常用于金属元素的测定。如用二硫腙比色法测定铅时，在测定条件（pH 9）下，Cu^{2+}/Cd^{2+} 等离子对测定有干扰。可加入氰化钾和柠檬酸铵掩蔽，消除它们的干扰。

（六）浓缩法

样品经提取、净化后，有时净化液的体积较大，在测定前需进行浓缩，以提高待测组分的浓度。常用的浓缩方法有常压浓缩法和减压浓缩法两种。

1. 常压浓缩法

此法主要用于待测组分为非挥发性的样品净化液的浓缩，通常采用蒸发皿直接挥发；若要回收溶剂，则可用一般蒸馏装置或旋转蒸发器。该法简便、快速，是常用的方法。

2. 减压浓缩法

此法主要用于待测组分为热不稳定性或易挥发的样品净化液的浓缩，通常采用 K-D 浓缩器。浓缩时，水浴加热并抽气减压。此法浓缩温度低、速度快、被测组分损失少，特别适用于农药残留量分析中样品净化液的浓缩。

思考题

1. 采样之前应做哪些准备？如何才能做到正确采样？
2. 简述样品的分类及采样时应注意的问题。
3. 为什么要对样品进行预处理？选择预处理方法的原则是什么？
4. 常用的样品预处理方法有哪些？各有什么优缺点？

第三章 实验室基础知识

CHAPTER 3

第一节 分析实验室用水

分析实验室用于溶解、稀释和配制溶液的水，都必须先经过纯化处理。分析要求不同，水质纯度的要求也不同。故应根据不同要求，采用不同纯化方法制备纯水。一般实验室用的纯水有蒸馏水、去离子水、电导水、高纯水等。

1. 蒸馏水

将自来水在蒸馏装置中加热汽化，然后将蒸汽冷凝即可得到蒸馏水。由于杂质离子一般不挥发，所以蒸馏水中所含杂质比自来水少得多，比较纯净，不过还是存在少量杂质。

2. 去离子水

去离子水是使自来水或普通蒸馏水通过离子树脂交换后所得的水。根据需要可将去离子水进行重蒸馏以得到高纯水。

3. 电导水

在第一套硬质玻璃（最好是石英）蒸馏器中装入蒸馏水，加入少量 $KMnO_4$ 晶体，经蒸馏除去水中有机物质，即得重蒸水。再将重蒸水注入第二套硬质玻璃（最好也是石英）蒸馏器中，加入少许 $BaSO_4$ 和 $KHSO_4$ 固体进行蒸馏，弃去馏头、馏后各 10mL，取中间馏分。用这种方法制得的电导水，应收集在连接碱石灰吸收管的接受器内，以防止空气中的二氧化碳溶入水中。电导水应保存在带有碱石灰吸收管的硬质玻璃瓶内，时间不能太长，一般在两周以内。

4. 高纯水

高纯水是指以纯水为水源，经离子交换、膜分离（反渗透、超滤、膜过滤、电渗析）除去盐及非电解质，使纯水中的电解质几乎完全除去，又将不溶解胶体物质、有机物、细菌、SiO_2 等去除到最低限度的水。

第二节 玻璃器皿的洗涤

分析实验中使用的器皿应洁净，其内外壁应能被水均匀地润湿，且不挂水珠。在分析工作中，洗净玻璃器皿不仅是一项必须做的实验前准备工作，也是一项技术性的工作。器皿洗涤是否符合要求，对实验的准确度和精密度均有影响。不同分析工作（如工业分析、一般化学分析、微量分析等）有不同的洗净要求。

分析实验中常用的烧杯、锥形瓶、量筒、量杯等一般的玻璃器皿，可用毛刷蘸去污粉或合成洗涤剂刷洗，再用自来水冲洗干净，然后用蒸馏水或去离子水润洗 3 次。

滴定管、移液管、吸量管、容量瓶等具有精确刻度的仪器，可采用合成洗涤剂洗涤。其洗涤方法是：将质量分数为 0.1%~0.5%的洗涤液倒入容器中，浸润，摇动几分钟，用自来水冲洗干净后，再用蒸馏水或去离子水润洗 3 次；如果未洗干净，可用铬酸洗液洗涤。

分光光度法用的比色皿是用光学玻璃制成的，不能用毛刷洗涤，应根据不同情况采用不同的洗涤方法。常用的洗涤方法是将比色皿浸泡于热的洗涤液中一段时间后冲洗干净即可。

玻璃器皿的洗涤方法很多，应根据实验要求、污物性质、污染的程度来选用。一般来说，附着在玻璃器皿上的脏物，有尘土和其他不溶性杂质、可溶性杂质、有机物和油污，针对这些情况可以分别用不同方法洗涤。

一、洗涤方法

1. 刷洗

用水和毛刷刷洗，除去玻璃器皿上的尘土及其他物质。注意毛刷的大小、形状要适合，如洗圆底烧瓶时，毛刷要做适当弯曲才能接触到全部内表面。脏、旧、秃头毛刷需及时更换，以免戳破、划破或污染玻璃器皿。

2. 用合成洗涤剂洗涤

洗涤时先将器皿用水润湿，再用毛刷蘸少许去污粉或洗涤剂，将玻璃器皿内外洗刷后用水边冲边刷洗，直至干净为止。

3. 用铬酸洗液洗涤

被洗涤器皿尽量保持干燥，倒少许洗液于器皿内，转动器皿使其内壁被洗液浸润（必要时可用洗液浸泡），然后将洗液倒回原装瓶内以备再用。再用水冲洗器皿内残存的洗液，直至干净为止。如用热的洗液洗涤，则去污能力更强。

洗液主要用于洗涤被无机物污染的器皿，它对有机物和油污的去污能力也较强，常用来洗涤一些口小、管细等形状特殊的器皿，如吸管、容量瓶等。

洗液具有强酸性、强氧化性和强腐蚀性，使用时要注意以下几点。

（1）被洗涤的玻璃器皿不宜有水，以免稀释洗液失效。

（2）洗液可以反复使用，用后倒回原瓶。

（3）洗液的瓶塞要塞紧以防吸水失效。

（4）洗液不可溅在衣服、皮肤上。

（5）洗液的颜色由原来的深棕色变为绿色，即表示 $K_2Cr_2O_7$ 已被还原为 $Cr_2(SO_4)_3$，失去氧化性，洗液失效而不能再用。

4. 用酸性洗液洗涤

（1）粗盐酸　粗盐酸可以洗去附在器皿壁上的氧化剂（如 MnO_2）等大多数不溶于水的无机物。因此，在刷子刷洗不到或洗涤不宜用刷子刷洗的器皿（如吸管和容量瓶等）时，可以用粗盐酸洗涤。洗涤过的粗盐酸能回收继续使用。

（2）盐酸-过氧化氢洗液　盐酸-过氧化氢洗液适用于洗去残留在容器上的 MnO_2。例如，过滤 $KMnO_4$ 用的砂芯漏斗，可以用此洗液。

（3）盐酸-乙醇洗液　盐酸-乙醇洗液适用于洗涤被有机染料染色的器皿。

（4）硝酸-氢氟酸洗液　硝酸-氢氟酸洗液是洗涤玻璃器皿和石英器皿的优良洗涤剂，可以避免杂质金属离子的沾附。常温下贮存于塑料瓶中，洗涤效率高，清洗速度快，但对油脂及有机物的清除效力差。对皮肤有强腐蚀性，操作时需加倍小心。该洗液对玻璃和石英器皿有腐蚀作用，因此，精密玻璃量器、标准磨口仪器、活塞、砂芯漏斗、光学玻璃、精密石英部件、比色皿等不宜用这种洗液。

5. 用碱性洗液洗涤

碱性洗液适用于洗涤油脂和有机物。因它的作用较慢，一般需要浸泡 24h 或用浸煮的方法。

（1）氢氧化钠-高锰酸钾洗液　用氢氧化钠-高锰酸钾洗液洗过后，在器皿上会留下 MnO_2，可再用盐酸洗液清洗。

（2）氢氧化钠（钾）-乙醇洗液　洗涤油脂的效率比有机溶剂的高，但不能与玻璃器皿长时间接触，使用碱性洗液时要特别注意，碱有腐蚀性，不能溅到眼睛上。

6. 用有机溶剂洗液洗涤

有机溶剂洗液用于洗涤油脂类、单体原液、聚合体等有机物。应根据污物性质选择适当的有机溶剂。常用的有机溶剂洗液有三氯乙烯、二氯乙烯、苯、二甲苯、丙酮、乙醇、乙醚、三氯甲烷、四氯化碳、汽油、醇醚混合液等。一般先用有机溶剂洗两次，然后用水冲洗，接着用浓酸或浓碱洗液洗，再用水冲洗。如洗不干净，可先用有机溶剂浸泡一定时间，然后再如上依次处理。

除以上洗涤方法外，还可以根据污物性质针对性处理。如要洗去氯化银沉淀，可用氨水；要除去硫化物沉淀，可用盐酸和硝酸；高锰酸钾溶液残留在器壁上的棕色污斑，可用硫酸亚铁的酸性溶液清洗。

二、洗净的玻璃器皿的干燥和存放

洗净的玻璃器皿可用以下方法干燥和存放。

（1）烘干　洗净的玻璃器皿可放入干燥箱中烘干，放置容器时应注意平放或使容器口朝下。

（2）烤干　烧杯或蒸发皿可置于石棉网上烤干。

（3）晾干　洗净的玻璃器皿可置于干净的实验柜或仪器架上晾干。

（4）有机溶剂干燥　加一些易挥发的有机溶剂到洗净的容器中，将容器倾斜转动，使器壁上的水和有机溶剂相互溶解、混合，然后倾出有机溶剂，少量残存在器壁上的有机溶剂很快会挥发，从而使容器干燥。

（5）吹干　用吹风机或氮气流往玻璃器皿内吹风，将器皿吹干，这种方法的干燥速度更快。

注意：带有刻度的玻璃器皿不能用加热的方法进行干燥，加热会影响这些玻璃器皿的准确度。

第三节　化学试剂

化学试剂是化学分析和仪器分析定性定量的基础之一。整个分析操作过程，例如，取样、样品处理、分离富集、测定方法等无不借助于化学试剂来进行。用于分析化学的化学试剂，常称为分析试剂。随着科学技术的不断发展，分析测试技术不断提高，对分析试剂的纯度和标准提出更高的要求，倘若试剂中主体含量或某一杂质含量可能对分析结果带来较大影响时，最好用可靠的方法检验那些关键的数据，对于不符合特定要求的试剂，则需要对其进行纯化。

一、化学试剂的等级

化学试剂数量繁多，种类复杂。我国化学试剂通常根据用途分为保证试剂、分析试剂、化学纯、化学用、指示剂和染色剂等种类。常用于分析化学方面的试剂主要有化学纯试剂、分析试剂、保证试剂（表 3-1）。

表 3-1　　化学试剂等级对照表

质量次序		1	2	3	4	5
我国化学试剂等级标志	级别	一级品	二级品	三级品	四级品	五级品
	中文标志	保证试剂	分析试剂	化学纯	化学用	指示剂和染色剂
		优级纯	分析纯	化学纯	实验试剂	—
	符号	G. R.	A. R.	C. P.	L. R.	B. R.
	瓶签颜色	绿	红	蓝	黄	紫
德、美、英等国通用等级和符号		G. R.	A. R.	C. R.	—	—

资料来源：郁桂云，钱晓荣．仪器分析实验教程．上海：华东理工大学出版社，2015.

1. 一般试剂

一般化学分析实验用试剂可分为优级纯、分析纯、化学纯三种，瓶签用不同颜色或符号进行标记。此外，还有实验试剂，主成分含量高、纯度较差、杂质含量不做选择，只适用于一般化学实验和合成制备。

2. 基准试剂

基准试剂可细分为微量分析试剂、有机分析标准试剂、pH 基准试剂等种类。

3. 高纯试剂

高纯试剂不是指试剂的主体含量，而是指试剂中某些杂质的含量。高纯试剂要严格控制其杂质含量。高纯试剂按纯度可分为高纯、超纯、特纯、光谱纯等。

光谱纯试剂的杂质含量用光谱分析法已测不出或低于某一限度，此种试剂主要作为光谱分析中的标准物质或作为配制标准样品的基体。光谱纯试剂要求在一定波长范围内没有或很少有干扰物质。

在实际分析工作中应根据不同的分析要求选用不同等级的试剂，如痕量分析要选用高纯或一级品试剂，以降低空白和避免杂质干扰。仲裁分析可选用一、二级品试剂。一般控制分析可选用二、三级品试剂。

在超纯分析中对试剂纯度的要求很高，一般试剂往往难以满足要求，常需自行提纯。常用的提纯方法有蒸馏法（液体试剂）和重结晶法（固体试剂）。

二、试剂的保管与取用

1. 试剂的保管

实验室中常用的各种试剂种类繁多、性质各异，应分不同情况保管。

（1）固体试剂装在广口瓶内，液体试剂和溶液装在细口瓶内。一些用量小而使用频繁的试液（如定性分析试液、指示剂等）可用滴瓶盛装，见光易分解的试剂（如硝酸银等）应装在棕色瓶内。盛碱或碱液的试剂瓶要用橡皮塞。

（2）易氧化的试剂（如氯化亚锡、低价铁盐等）和易风化或潮解的试剂（如无水碳酸钠等）应放在密闭容器内，必要时应用石蜡封口。这类性质不稳定的试剂配制的溶液不能久存，建议现用现配。

（3）易腐蚀玻璃的试剂（如氢氟酸等）应保存在塑料容器内。

（4）对于易燃、易爆和剧毒药品，特别是许多低沸点的有机溶剂（如乙醚、甲醇等）的保管应特别注意，通常需单独存放。易燃药品要远离明火；剧毒药品（如氰化物等）要有专人保管、记录使用，以明确责任，杜绝中毒事故的发生，有条件的应锁在保险柜内。

（5）各种试剂均应保存在阴凉、通风、干燥处，避免阳光直接曝晒，并远离热源。各种试剂应分类放置，以便于取用。

（6）盛装试剂的试剂瓶都应贴上标签，写明试剂的名称、化学式、规格、厂牌、出厂日期、浓度、配制日期等。

（7）定期检查试剂和溶液。发现标签脱落不要凑合使用，否则会造成更大的浪费。

2. 试剂的取用

（1）取用试剂前，要认明标签，确认无误后方能取用。瓶盖取下不要随意乱放。

（2）取用液体试剂时，手握试剂瓶，标签朝上，沿器壁（或沿玻璃棒）缓缓倾出溶液。不要将溶液泼洒瓶外，特别注意处理好“最后一滴溶液”，尽量使其接入容器中。不慎流出的溶液要及时清理。

（3）取完试剂后，随手盖好瓶盖。切不可“张冠李戴”，造成交叉污染。

（4）取用试剂要本着节约的原则，用多少取多少。多余的试剂，不要倒回原瓶内。

（5）取用易挥发的试剂（如浓盐酸、浓硝酸等），应在通风橱中进行，以保持室内空气清新。使用剧毒药品要特别注意安全，遵守有关安全规定。

三、分析试剂的提纯方法

对于不同的分析测试内容，常需要不同纯度的分析试剂。在常量分析中，直接使用市售的一般试剂即可满足要求。对于某些特殊要求的元素分析，需要使用某些特殊试剂。例如，高纯物质的痕量分析，使用一般试剂不能满足要求，而需要使用高纯试剂。倘若没有市售高纯试剂，就必须进行提纯，以除去某些杂质。半导体材料中的痕量元素分析，由于被测元素含量极微，需要严格地控制分析中使用的纯水、酸、碱、溶剂、缓冲剂等化学试剂中的杂质元素的含量。一般来说，这些试剂中杂质元素含量应控制在10ng/g以下。下面简要介绍实验室制备或提纯高纯试剂的方法。

1. 蒸馏法

（1）普通蒸馏法　利用物质的挥发性和沸点的差异来进行分离的方法，是最常用的制备和提纯高纯试剂的方法。因为试剂和杂质的挥发性不同，容易挥发的可以先蒸馏出来而除去，不易挥发的则残留在底液中。如果在蒸馏设备上增加一个分馏柱，液体可以在柱上多次地挥发和冷凝，这样分离的效果就会更好。

（2）亚沸蒸馏法　在液体表面加热，液体表面蒸发，本身不沸腾，热源在液面的上方，由于不产生液体的雾粒而大大地提高了产品的质量。

（3）等温蒸馏法　又称为等压蒸馏法，挥发和冷凝吸收是在相同温度和压力下进行的。

2. 结晶法

结晶法是最普通的提纯方法之一，常用于固体的纯化，特别是除去不溶性的颗粒。首先把固体溶于适当的溶剂里，将其沸腾的饱和溶液减压过滤，然后让滤液冷却至室温或室温以下，让溶解的物质结晶出来，再把晶体和滤液分开，有些杂质就留在母液中。这样的过程有时可进行多次，又称为重结晶法。

3. 分级凝固法

分级凝固法是根据固体在熔融时不会分解的性质，通过固-液界面上杂质的分布不同来加以纯化的方法。因为许多化学试剂在凝固时，大部分杂质留在熔体中。分级凝固法也称为逐步凝固法或定向凝固法。对于液体试剂来说，可以用冷却装置使其逐步冷冻而凝固，所以又称为逐步冷冻法。区域熔融法实际上是分级凝固法的一种，它是反复通过熔体连续凝固而达到提纯目的。这种方法是可以完全自动化的。

分级凝固法只能批量生产，但它仍是一种快而省的提纯方法。许多试剂如环已烷、乙酸、环已酮、苯胺、四氯化碳、对二甲苯等都可用此法提纯。区域熔融法既适用于提纯熔点为-10~300℃的有机物，又适用于精炼无机物盐类及金属。

4. 色谱法

色谱法的种类很多，名称也不统一，下面介绍两种常用的分析和提纯试剂的方法。

（1）液相色谱法　又称为层析分离法，其中以离子交换色谱应用最普遍，它是利用离子交换剂与溶液中的离子之间所发生的交换反应来进行分离的方法。将几种不同的离子交换到树脂柱上，根据树脂对它们的亲和力的不同，选用适当的洗脱剂，可将它们逐个洗出而互相分离。这种方法不仅可用于带相反电荷的离子之间的分离，也可用于带相同电荷或性质相近的离子之间的分离。因此，利用不同性质的树脂，能广泛地应用于微量组分的富集和高纯物质的制备。

除离子交换色谱法外，还有吸附色谱分离法。它是在用氧化铝或二氧化硅、纤维素等作为载体的柱上进行的。有时就利用这些活性吸附剂的单一过滤作用。用此法纯化的有机溶剂，足以符合分光光度法的应用要求。这种方法也称为柱上色谱分离法或吸附过滤法。

（2）液-液萃取分离法　又称为溶剂萃取分离法，这种方法是利用与水不相溶的有机相和试剂一起振荡，由于组分在两相间的分配系数不同，一些组分进入有机相，另一些组分仍留在水相，这样就能利用一些有机试剂形成的配合物，从各种基体中有效地去除痕量金属元素，从而达到提纯试剂的目的。

5. 其他方法

（1）过滤　常作为一种预纯化手段。例如，选择适当的过滤条件，能从碱性溶液中有效地将有害的、不溶的金属碳酸盐除去。过滤可以使用各种型号的滤纸，也可以通过0.2μm乙酸纤维加压过滤。还有一种涂有无机合成组分的多孔碳管，它可以分离直径为0.001～0.005μm的颗粒。所以说，采用简单的加压过滤对水溶盐类进行预纯化，是很有价值的方法。

（2）共沉淀　也是一种很好的预纯化方法。利用痕量元素在“载体”沉淀剂上共沉淀的性质，除碱金属和碱土金属阳离子以外，至少有50种元素都能以氧化物或氢氧化物的形式从钾、钙、镁和钡盐中共沉淀出来。载体可用铁、铝、钛和镧等元素。

（3）升华　对某些试剂的纯化是有效的，但实验室的升华装置仅适合提纯少量试剂。

（4）电解　用于从溶液中去除痕量金属元素。汞阴极控制电位电解法既是一种有效而简便的快速提纯方法，又是一种将初步纯化后的物质继续进行最后的精细纯化的方法，它是提纯超纯试剂的极好手段。为了保证产品的纯度，电解应在层流通风橱内进行，同时应选用聚乙烯、聚丙烯或聚四氟乙烯制造的设备。电解后将已纯化的溶液虹吸到聚四氟乙烯容器里，加压过滤时用0.2μm乙酸纤维滤片，滤片要放在聚乙烯的芯板上。只有这样严格地控制各个阶段的操作，才能保证提纯试剂不被污染。

试剂提纯并不是要除去所有杂质。这既不可能，又无必要。只需要针对分析的某种特殊要求，除去其中的某些杂质即可。例如，光谱分析中所使用的光谱纯试剂，仅要求所含杂质低于光谱分析法的检测限。因此，对于某种用途已适宜的试剂，也许完全不适用另一些用途。

第四节　分析试样

分析化学实验的结果能否为质量控制和科学研究提供可靠的分析数据，关键看所取试样的代表性和分析测定的准确性，这两方面缺一不可。从大量的被测物质中选取能代表整批物质的小样，必须掌握适当的技术，遵守一定的规则，采取合理的采样与制备试样的方法。

一、分析试样的准备

送到实验室分析的试样，对一整批物料应具有代表性。在制备分析试样的过程中，不使其失去足够的代表性，与分析结果的准确性同等重要。

二、试样的采集

在分析实践中，常需测定大量物料中某些组分的平均含量。取样的基本要求是有代表性。

对比较均匀的物料，如气体、液体和固体试剂等，可直接取少量分析试样，不需再进行制备。通常遇到的分析对象，从形态来分，可分为气体、液体和固体三类，对于不同的形态和不同的物料，应采取不同的取样方法。

1. 固体试样的采集

（1）粉状或松散样品的采集（如精矿、石英砂等） 其组成较均匀，可用探料钻插入包内钻取。

（2）金属锭块或制件样品的采集 一般可用钻、刨、切削、击碎等方法，按锭块或制件的采样规定采集试样。如无明确规定，则从锭块或制件的纵横各部位采集。如送检单位有特殊要求，可协商采集。

（3）大块物料试样的采集（如矿石、焦炭、块煤等） 大块物料试样不但组分不均匀，而且其大小相差很大。所以，采样时应以适当的间距，从各个不同部分采集小样，原始试样一般按全部物料的万分之三至千分之一采集小样。对极不均匀的物料，有时取五百分之一，取样深度在0.3~0.5m处。固体试样加工的一般程序如图3-1所示。

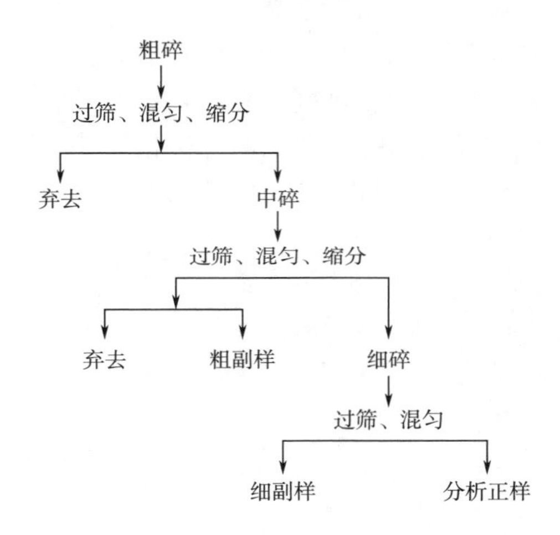

图3-1 固体试样加工程序

2. 气体试样的采集

（1）常压下取样用一般吸气装置，如吸筒、抽气泵，使盛气瓶产生真空，自由吸入气体试样。

（2）气体压力高于常压，取样可用球胆、盛气瓶直接盛取试样。

（3）气体压力低于常压，取样先将取样器抽成真空，再用取样管接通进行取样。

3. 液体试样的采集

（1）装在大容器中的液体试样的采集，采用搅拌器搅拌或用无油污、水等杂质的空气，深入容器底部充分搅拌，然后用内径约1cm，长80~100cm的玻璃管，在容器的各个不同深度和不同部位取样，经混匀后供分析。

（2）密封式容器的采样先放出前面一部分弃去，再接取供分析的试样。

（3）一批中分几个小容器分装的液体试样的采集，先分别将各容器中试样混匀，然后按该产品规定取样量，从各容器中取近等量试样于一个试样瓶中，混匀供分析。

（4）炉水按密封式取样。

（5）管中样品的采集应先放去管内静水，取一根橡皮管，其一端套在水管上，另一端伸入取样瓶底部，在瓶中装满水后，让其溢出瓶口少许即可。

（6）河、池等水源中采样在尽可能背阴的地方，离水面以下 0.5m 深度，离岸 1～2m 采集。

实际上不可能把全部试样都加工成为分析试样，因此，在处理过程中要不断进行缩分。具有足够代表性的试样的最低可靠质量，按照切乔特公式进行计算：

$$Q = kd^2 \tag{3-1}$$

式中　Q——试样的最低可靠质量，kg；

k——根据物料特性确定的缩分系数；

d——试样中最大颗粒的直径，mm。

试样的最大颗粒直径（d），以粉碎后试样能全部通过的孔径最小的筛号孔径为准。根据试样的颗粒大小和缩分系数，可以从手册上查到试样最低可靠质量的 Q 值。最后将试样研细到符合分析试样的要求。

缩分采用四分法，即将试样混匀后堆成锥状，然后略微压平，通过中心分成四等份，弃去任意对角的两份。由于试样不同粒度、不同密度的颗粒大体上分布均匀，留下试样的量是原样的一半，仍然代表原样的成分。

缩分的次数不是任意的。每次缩分时，试样的粒度与保留试样之间，都应符合切乔特公式；否则就应进一步破碎，才能缩分。如此反复经过多次破碎缩分，直到试样的质量减至供分析用的数量为止。然后放入玛瑙研钵中磨到规定的细度。根据试样的分解难易，一般要求试样通过 100～200 号筛，这在生产单位均有具体规定。

我国现用分样筛的筛号和孔径大小如表 3-2 所示。

表 3-2　　分样筛的筛号（目*数）和孔径

筛号	3	5	10	20	40	60	80	100	120	200
孔径/nm	5.72	4.00	2.00	0.84	0.42	0.25	0.177	0.149	0.125	0.074

注：*目表示每平方英寸中的孔数（1 英寸=0.0254 米）。

三、试样的分解

分解试样的目的是把固体试样转变成溶液，或将组成复杂的试样处理成为组成简单的、便于分离和测定的形式。因此，选择合适的分解方法，对于拟定准确而又快速的分析方法就显得十分重要了。

衡量一个分解方法是否合适，可从以下几方面加以考虑。

（1）所选用的试剂和分解条件，应使试样中的待测组分全部进入溶液。

（2）所选用的试剂应不干扰以后的测定步骤，也不可引入待测组分。

（3）不能使待测组分在分解过程中有所损失。如在测定钢铁中的磷时，不能单独用盐酸或硫酸分解试样，而应当用盐酸与硫酸或硫酸与硝酸的混合酸，避免部分磷生成挥发性的磷化氢（PH_3）而损失。测定硅酸盐中硅（Si）的含量时，不能用氢氟酸溶样，以免生成挥发性的四氟化硅（SiF_4）而影响测定。

（4）如有可能，试样的分解过程最好能与干扰组分的分离结合起来，以便简化分析步骤。例如在测定矿石中铬的含量时，用 Na_2O_2 熔融，熔块用水浸出，这时铬被氧化成铬酸根离子进入溶液，而试样中铁、锰等元素则形成氢氧化物沉淀，从而达到分离的目的。

常用的分解方法有溶解法、熔融法和半熔法（又称烧结法）等。

1. 溶解法

溶解法分解过程比较简单，快速，因此分解试样尽量采用此法。常用的方法有如下几种。

（1）酸溶解法　用酸作为溶解试剂，除利用酸的氢离子效应外，不同酸还具有不同的作用，如氧化还原作用，配合作用等。

由于酸易于提纯，过量的酸（磷酸、硫酸除外）又易于去除；溶解过程操作简单，且不会引入除氢离子以外的阳离子，故在分解试样时尽可能用酸溶解。该法的不足之处是对有些矿物质的分解能力较差，对某些元素可能会引起挥发损失。

（2）碱溶解法　碱溶解法的实例有：200～300g/L 氢氧化钠溶液用于分解铝及铝合金、锌及锌合金，某些金属氧化物（如三氧化钨、三氧化钼）等；用氨水溶解三氧化钨、三氧化钼，氧化银等；在测定土样中有效氮、磷、钾时，可用稀的碳酸氢钠溶液溶解试样。

（3）加压溶解法　在密闭容器中，用酸加热分解试样，由于压力增加，提高了酸的沸点，从而使那些原先较难溶解的试样获得良好的分解，这样就扩大了酸溶解法的应用范围。

另外，加压溶解法无挥发损失的危险存在，这对于测定试样中所有的组分，以及在测定试样中痕量组分时特别有意义。

加压溶解法可以在封闭玻璃管中或在金属弹中进行，后者由于操作方便、安全性大而得到广泛的应用。加压溶解用的金属弹，其外套由钢制成，内衬由聚四氟乙烯或铂制成。聚四氟乙烯内衬使用温度<250℃；铂内衬使用温度（<400℃）可提高。加压溶解的效果取决于温度、溶解时间、酸的种类和浓度以及试样的细度等因素。

2. 熔融法

对于一些用酸或其他溶剂不能完全溶解的试样，可用熔融法加以分解。熔融法是将熔剂与试样相混后，在高温下熔融，利用酸性或碱性熔剂与试样在高温下的复分解反应，使试样转变成易溶于水或酸的化合物。由于熔融时，反应物的浓度和温度都比溶解法高得多，故分解能力大大提高。

3. 半熔法（烧结法）

半熔法处在低于熔剂熔点的温度下，使试样与最低量固体熔剂进行反应，由于所用的温度较低，熔剂用量又限于低水平，因此可以减轻熔融物对坩埚的侵蚀作用。例如，在测定矿石或煤中的硫含量时，用碳酸钠和氧化锌作熔剂在 800℃ 加热，这时碳酸钠起熔剂作用，锌起疏松通气作用，使硫化物氧化成 SO_4^{2-}，并将硅酸盐转化成 $ZnSiO_3$ 沉淀。

用作半熔法的熔剂还有碳酸钙和氯化铵、碳酸钠和氧化镁等。

4. 有机试样的分解

少数有机试样可用水溶解，如低级醇、多元酸、氨基酸、尿素以及有机酸的碱金属盐等，多数有机试样不溶于水，易溶于有机溶剂，可根据相似相溶原理，选用合适的有机溶剂溶解。例如，极性有机物易溶于甲醇等极性溶剂，非极性有机物易溶于氯仿、四氯化碳、苯、甲苯等溶剂。另外，有机酸易溶于乙二胺、丁胺等碱性有机溶剂；有机碱易溶于冰乙酸、甲酸等酸性有机溶剂。

在选择有机溶剂时，还需注意不能干扰以后的测定步骤。例如，若用紫外分光光度法测定试样中的组分时，所选的溶剂应在测定的波长范围内无吸收。当试样中含有机物或测定试样中的无机组分时，有时有机物的存在对测定步骤有干扰，需在测定之前进行预处理，目的是除去干扰的有机物而被测组分又不致受损失，还具有富集被测组分的作用。处理的方法有干法分解和湿法分解两类（表3-3）。

表3-3 有机试样分解方法

分类	方法或溶剂	适用对象	容器与操作	附注
干法分解	坩埚灰化法	铝、铬、铜、铁、硅、锡	铂坩埚，500~550℃灼烧变为氧化物后溶解	
		银、金、铂	瓷坩埚，灼烧变成金属后用硝酸或王水溶解	
		钡、钙、镉、锂、镁、锰、钠、铅、锶	铂坩埚，灼烧后用硫酸溶解变成硫酸盐	铅存在时，为防止其还原加硝酸
	氧瓶燃烧法	卤素、硫、微量金属	试样在置有吸收液和氧气的锥形瓶中燃烧	Schoniger 法
	燃烧法	卤素、硫	燃烧管，氧化流中处理20~30min，Na_2SO_3-Na_2CO_3吸收液吸收	Pregl 法
	低温灰化法	银、砷、金、镉、钴、铜、铁、汞、钯、碘、钼、锰、钠、镍、铅、锑、硒、铂族（食品、石墨、滤纸、离子交换树脂）	低温碳化装置，<100℃	借高频激发的氧气进行氧化分解
湿法分解	单一酸： 浓硫酸 浓硝酸	用浓硝酸有不溶性氧化物生成时等	硬质玻璃容器	不是强力分解剂，良好的氧化剂
	混合酸： 浓硫酸+浓硝酸 硝酸+高氯酸	砷、铋、钴、铜、锑等； 汞除外其他金属元素、砷、磷、硫等（蛋白质、赛璐珞、高分子聚合物、煤、燃料油、橡胶）	凯氏烧瓶 67% HNO_3 ∶ 76% $HClO_4$ = 1∶1，由室温徐徐升温	钒、铬作为催化剂

续表

分类	方法或溶剂	适用对象	容器与操作	附注
湿法分解	酸+氧化剂： 浓硫酸+过氧化氢 浓硫酸+重铬酸钾 硝酸+高锰酸钾	含银、金、砷、铑、汞、锑等金属有机化合物； 含有机色素的物质（合成橡胶等）； 卤素，汞（食品）	试样中先加硫酸后加30%过氧化氢 硫酸+硝酸加热，冷却后滴加过氧化氢（2~3滴） 凯氏烧瓶	过氧化氢沿壁加下去 冷却管并用 使用回流冷却器
	发烟硝酸	镍、铬、硫等挥发性有机金属化合物	发烟硝酸与硝酸银在试管中加热（259~300℃，5~6h）	碘不适用 Carius 法
	过氧化氢、硫酸亚铁	一般有机物（油脂、塑料除外）	试样碎片，30% H_2O_2，稀 HNO_3，调节 pH，$FeSO_4$ 约 0.001mol/L，90~95℃加热 2h	Sansoni 法

资料来源：郁桂云，钱晓荣．仪器分析实验教程．上海：华东理工大学出版社，2015.

第五节　特殊器皿的使用

在化学实验中，根据各种化学试剂的性质、实验要求及实验方法的不同，会用到各种不同材料制成的器皿。不同器皿有不同的使用和维护方法，尤其是对用铂、银、玛瑙、石英等制成的贵重器皿，要按照它们不同的要求进行正确操作。

一、铂质器皿

铂是一种不活泼金属，不溶于一般的强酸中，但能溶于王水，也能与强碱共熔起反应。

在室温时，铂不和氧、硫、氟、氯气反应，但在250℃以上能与氯和氟起反应。铱和铂形成合金后能增加铂的硬度，常用的铂质器皿往往由铂铱合金或铂铑合金制成。

使用注意事项如下。

（1）铂质器皿允许加热到1000~1200℃，由于铂易和碳形成碳化铂而使器皿变脆，所以严禁在还原焰上加热，只能在氧化焰或高温炉内灼烧或加热；在灼烧带沉淀的滤纸或含有机物较高的试样时，必须先在通风的情况下将滤纸灰化，或将有机物烧掉，然后再灼烧。不能将烧红的铂质器皿放入冷水中。

（2）由于铂的硫化物、磷化物很脆，所以，铂质器皿不能用来加热或熔融硫代硫酸钠以及含磷和硫的物质。

（3）碱金属的氧化物、氢氧化物、硝酸盐、亚硝酸盐、碳酸盐、氯化物、氰化物以及氧化钡等在高温下都能侵蚀铂器皿，所以不能用铂质器皿来加热或熔融上述物质。

（4）铂在受热时，特别在红热状态，易与其他金属生成脆性合金，故在红热状态下，不允许和其他金属接触。

（5）夹持灼烧的坩埚只能用包有铂头的坩埚钳。由于同样原因，对含金属的试样，必须处理掉金属后才能用铂质器皿。

（6）卤素对铂有严重的侵蚀作用，不能用来加热或灼烧含有卤素或能分解出卤素的物质，如王水、溴水、三氯化铁等，盐酸与氧化剂（过氧化氢、氯酸盐、高锰酸盐、铬酸盐、硝酸盐等）的混合物，卤化物与氧化剂的混合物均不能用铂质器皿加热或灼烧。

（7）不知成分的样品，不能用铂质器皿加热或灼烧。

（8）铂质器皿比较软，极易变形，使用时不要用力夹，避免与硬物碰撞，以免变形。若已变形，可放在木板上一边滚动，一边用牛角匙轻轻碾压内壁。如要刮剥附着物，必须用淀帚。

（9）新的铂质器皿在使用前要进行灼烧，然后用盐酸洗涤。使用过的铂质器皿可在1.5~2mol/L 或 6mol/L 的稀盐酸（不能含有硝酸、过氧化氢等氧化剂）中煮沸，也可在稀硝酸中煮沸，但不能在硫酸中煮沸。若酸洗不干净，可再用焦硫酸钾、碳酸钠或硼砂进行熔融清洗 5~10min，或放在熔融的氯化镁和氯化铵混合物中（1200℃）清洗。取出冷却后，再在热水中煮沸 10min。被有机物污染，可用洗液清洗；被碳酸盐和氧化物污染，可用盐酸或硝酸清洗；被硅酸盐或二氧化硅污染，可用熔融的碳酸钠或硼砂清洗；被耐酸的氧化物污染，可在熔融的焦硫酸钾中清洗后，再在沸水中溶解清洗；被氧化铁污染后呈现棕色斑点时，可放在稀盐酸中加入少量金属锡或 1~2mL 二氯化锡溶液加热清洗。

二、银质器皿

银的熔点是 960℃，化学性质也不活泼，在空气中加热银不变暗。加热时可与硫和硫化氢发生反应，生成硫化银，使表面发暗，失去光泽。室温时与卤素缓慢作用，随温度升高，反应加快。有氧存在时，能与氢卤酸作用。银能溶于稀硝酸和热的浓硫酸中。银在熔融的苛性碱中仅发生轻微的作用。

使用注意事项如下。

（1）银质器皿使用温度不能超过 700℃，时间不能超过 30min。

（2）银质器皿不能用来分解或灼烧含硫的物质，不能使用碱性硫化物溶剂。

（3）在浸取熔融物时，银质器皿不能用酸，更不能接触浓酸，尤其是硝酸和硫酸。

（4）加热时，银质器皿易在表面生成氧化银薄膜，因此，银质器皿不能用作沉淀的灼烧和称重。

（5）在银质器皿中，用过氧化钠或碱熔处理试样时，时间不得超过 30min。

（6）在熔融状态时，铝、锌、锡、铅、汞等金属的盐类都会使银质器皿变脆。

（7）可用氢氧化钠熔融清洗银质器皿，或用 1∶3 的盐酸短时间浸泡，再用滑石粉摩擦，并依次用自来水、蒸馏水冲洗，然后干燥。

三、铁质器皿

铁的熔点是 1535℃。铁在潮湿的空气中会生锈，在 150℃ 干燥空气中不与氧作用。铁能溶于稀酸中，浸在发烟硝酸中形成保护膜，变成“钝态”。由于铁质器皿价格低，所以使用较广泛，它主要用于过氧化钠和强碱性熔剂的熔融操作。使用时表面可做钝化处理，即先用稀盐酸洗涤器皿，用细砂纸擦净表面后，放入含有5%稀硫酸和5%稀硝酸溶液中浸泡10min，取出后洗净、干燥，然后再在300~400℃下灼烧10min即可。

每次使用铁质器皿后都要及时洗净并干燥，以免腐蚀。

四、镍质器皿

镍的熔点是1453℃，常温下，对水和空气是稳定的，能溶于稀酸，与强碱不发生作用，遇到发烟硝酸会和铁一样呈“钝态”。在加热时，镍与氧、氯、溴等发生剧烈作用。

使用注意事项如下。

（1）镍质器皿一般使用温度在700℃左右，不超过900℃。

（2）镍质器皿可以代替铂质器皿使用，但不能做沉淀灼烧和称量的器皿。

（3）镍质器皿可用于过氧化钠和氢氧化钠等强碱性试剂的熔融操作，但不能用于硫酸氢钠（钾）、焦磷酸钠（钾）、硼砂以及碱性硫化物的熔融操作。

（4）在熔融状态时，铝、锌、锡、铅、钒、银、汞等金属的盐类，都能使镍质器皿变脆，不能用镍质器皿来灼烧或熔融这些金属盐。

（5）镍质器皿中常含有微量铬、铁，使用时要注意。

（6）新的镍质器皿应先在马弗炉中灼烧成深紫色或灰黑色，除去表面的油污，并使表面生成氧化膜，然后用稀盐酸（1∶20）煮沸片刻，用水冲洗干净。用过的器皿，先在水中煮沸数分钟，必要时，可用很稀的盐酸稍煮片刻，取出后用100目细砂纸摩擦清洗并干燥。

五、石英器皿

石英的主要成分是二氧化硅，化学性质很不活泼，不溶于水和一般的酸，只能溶于氢氟酸。与碱共熔或与碳酸钠共熔都能生成硅酸盐。石英的热稳定性高，在1700℃以下不会软化，也不挥发，但在1100~1200℃开始失效。石英质地较脆，价格较高。

使用注意事项如下。

（1）石英可作为酸性或中性盐类熔融的器皿，如作为熔融硫酸氢钾（钠）、焦硫酸钠（钾）、硫代硫酸钠等熔剂的器皿，但不能用来熔融碱性物质。

（2）清洗石英器皿时，除氢氟酸外，普通稀无机酸均可作清洗液。

（3）石英质脆，使用时应仔细小心。

六、玛瑙器皿

玛瑙是一种天然的贵重非金属矿物，主要成分也是二氧化硅，含有铝、钙、镁、锰等的氧化物，是石英的一种变体。玛瑙硬度很大，但很脆，与大多数化学试剂不起反应，主要用来制研钵，是研磨各种高纯物质的极好器皿。

使用注意事项如下。

（1）玛瑙器皿不能接触氢氟酸，不能受热。

（2）大块或晶块样品，应先粉碎后才能在玛瑙研钵中磨细。不能研磨硬度过大的物质。

（3）洗涤玛瑙器皿时先用水冲洗，必要时用稀盐酸洗涤，再用水冲洗。若仍不干净，可放入少许氯化钠固体，研磨若干时间后，再倒去洗净。若污斑黏结得很牢，不得已时可用细砂或金刚砂纸擦洗。

（4）玛瑙器皿价格昂贵，使用时要十分仔细、小心。

七、刚玉器皿

刚玉由高纯氧化铝成型熔烧制成，具有质坚、耐高温的特点，只适用于熔融某些碱性熔剂，不能熔融酸性熔剂。

八、瓷质器皿

瓷质器皿是以氧化铝和二氧化硅为原料制成的。加热到1200℃以上，冷却后不改变质量。瓷质器皿吸水性差，易于恒重，是质量分析中的称量容器。抗腐蚀性优于玻璃。忌用氢氟酸处理，也不能用来分解或熔融碱金属碳酸盐、氢氧化钠、过氧化钠、焦磷酸盐等。瓷质器皿的洗涤方法与玻璃器皿的相同。

九、聚四氟乙烯器皿

聚四氟乙烯器皿使用时应注意以下两点。

（1）聚四氟乙烯器皿使用温度可在-195~200℃，当温度高于250℃时会分解，并产生有毒气体。

（2）聚四氟乙烯器皿对于酸、碱都有较强的抗蚀能力，不受氢氟酸侵蚀，且溶样时不会带入金属杂质。

第六节　气体钢瓶的使用及注意事项

一、高压气体钢瓶内装气体的分类

高压气体钢瓶内装的气体主要分为压缩气体、液化气体和溶解气体等。

1. 压缩气体

临界温度低于-10℃的气体，经加高压压缩，仍处于气态者称压缩气体，如氧气、氮气、氢气、空气、氩气等。这类气体钢瓶若设计压力大于或等于12MPa则称高压气瓶。

2. 液化气体

临界温度高于或等于-10℃的气体，经加高压压缩，转为液态并与其蒸气处于平衡状态者称为液化气体。临界温度在-10~70℃者称高压液化气体，如二氧化碳、氧化亚氮。临界温度高于70℃，且在60℃时饱和蒸气压大于0.1MPa者称低压液化气体，如氨气、氯气、硫化氢等。

3. 溶解气体

单纯加高压压缩，可产生分解、爆炸等危险性的气体，必须在加高压的同时，将其溶解于适当溶剂，并由多孔性固体物充盛。

4. 其他分类

根据气体的性质分类可分为剧毒气体，如氟气、氯气等；易燃气体如氢气、一氧化碳等；助燃气体，如氧气、氧化亚氮等；不燃气体如氮气、二氧化碳等。

二、高压气体钢瓶的存放与安全操作

高压气体钢瓶（气瓶）的存放一定要注意安全。

1. 气瓶存放条件

气瓶必须存放在阴凉、干燥、远离热源的房间，并且要严禁明火，防曝晒。除不燃气体外，一律不得放在实验楼内。使用中的气瓶要直立固定。

2. 气瓶的颜色及阀门转向

为了保证安全，气瓶用颜色标志，不致使各种气瓶错装、混装。同时，为了不使配件混乱，各种气瓶根据性质不同，阀门转向不同。

通则：易燃气体气瓶为红色，左转；有毒气体气瓶为黄色；不燃气体右转。

压缩气瓶颜色及阀门转向如表 3-4 所示。

表 3-4　压缩气瓶颜色及阀门转向一览表

气体名称	瓶身颜色		瓶肩颜色		阀门转向
	工业	医药	工业	医药	
氧气（O_2）	黑	黑	—	白	右
氮气（N_2）	灰	—	黑		右
氢气（H_2）	红	—	—	—	左
乙炔（C_2H_2）	棕	灰	—	黑白	左
一氧化碳（CO）	红				左
煤气	红	—	—		左
氯气	黄	—	—	—	右
氨气	黑	—	黄/红	—	左
二氧化硫（SO_2）	绿	—	黄	—	右
二氧化碳（CO_2）			灰		右
空气	灰	—			右
氦气					右

3. 气瓶的搬运

气瓶要避免敲击、撞击及滚动。阀门是最脆弱的部分，要加以保护，因此搬运气瓶要注意。

4. 压力调节器的用途和操作

压力调节器是准确的仪器。它的设计是使气瓶输出压力降至安全范围才流出，使流出气体压力限制在安全范围内，防止任何仪器或装置被超压撞坏，同时使气流压力稳定。好的压力调节器应有以下性能。

（1）气瓶输入气体改变压力，调节器输出气体压力能维持常压。

（2）压力调节器不因气体输出速度改变而改变压力，偏差很小，基本维持恒压。

（3）停止工作时，系统内的最终压力不会提高。

具体操作方法如下。

（1）在与气瓶连接之前，查看调节器入口和气瓶阀门出口有无异物；若有，用布除去，但若是氧气瓶，不能用布擦。此时，小心慢慢稍开气瓶阀门，吹走出口的脏物。对于脏的氧气压力调节器，入口用四氯化碳或三氯乙烯洗干净，用氮气吹干，再使用。

（2）用平板钳拧紧气瓶出口和调节器入口之连接，但不要加力于螺纹。有的气瓶要在出入口间垫上密合垫，用聚四氟乙烯垫时，不要过于用力；否则密合垫被挤入阀门开口，阻挡气体流出。

（3）向逆时针方向松开调节螺旋至无张力，就关上调节器。

（4）检查输出气体的针形阀是否关上。

（5）开气时，首先慢慢打开气瓶的阀门，至输入表读出气瓶全压力。打开时，一定要全开阀门，调节器的输出压力才能维持恒定。

（6）向顺时针方向拧动调节螺旋，将输出压力调至要求的工作压力。

（7）调动针形阀调整流速。

（8）关气时，首先关气瓶阀门。

（9）打开针形阀，将压力调节器内气体排净。此时两个压力表的读数均应为零。

（10）向逆时针方向松开调节螺旋至无张力，将调节器关上。关上调节器输出的针形阀。

压力调节器不用时，要及时拆下，按下面的方法保存。

（1）压力调节器保存于干净无腐蚀性气体的地方。

（2）用于腐蚀性气体或易燃气体的调节器，用完后立即用干燥氮气冲洗，冲洗时，将螺旋向顺时针方向打开，接上氮气，通入入口管，冲洗10min以上。

（3）用原胶袋将入口管封住，保持清洁。

第七节　常用分析仪器的种类

分析仪器通常由样品的采集与处理系统、组分的解析与分析系统、检测与传感系统、信号处理与显示系统和数据处理与数据库五个基本部分组成。目前，现有分析仪器的型号、种类繁多，并且涉及的原理也不相同。根据其原理可将分析仪器分为八类，如表3-5所示。

表3-5　分析仪器分类表

仪器类别	仪器品种
电化学式仪器	酸度计（离子计）、电位滴定仪、电导仪、库仑仪、极谱仪等
热力学式仪器	热导式分析仪、热化学式分析仪、差热式分析仪

续表

仪器类别	仪器品种
磁式仪器	热磁式分析仪、核磁共振波谱仪
光学式仪器	吸收式光谱分析仪（分光光度计）、发射光谱分析仪、荧光计、磷光计
机械仪器	X射线分析仪、放射性同位素分析仪、电子探针等
离子和电子光学式仪器	质谱仪、电子显微镜、电子能谱仪
色谱仪器	气相色谱仪、液相色谱仪
物理特性式仪器	黏度计、密度计、水分仪、浊度仪、气敏式分析仪等

第八节　仪器设备使用守则

1. 分析仪器应有严格的日常管理规章制度及仪器使用操作规程。

2. 分析仪器设备一般由专职实验技术人员负责日常管理、使用及维护。管理人员应具有一定的专业知识，热爱本职工作，遵纪守法，熟悉仪器的基本情况，掌握该仪器的正确操作方法及一般故障处理，并有责任指导和监督他人正确使用该仪器。

3. 操作者使用前，应认真阅读、研究仪器使用说明书，待充分熟悉仪器的使用方法和操作规程后方可使用。严禁不懂仪器使用方法的人随意测试使仪器性能受到损害。

4. 仪器使用者均应爱护仪器设备，必须严格按操作规程进行操作，切忌野蛮操作。

5. 仪器出现问题时应及时向实验室管理人员汇报，由管理人员负责处理解决，不得擅自拆卸、移动仪器。

6. 分析仪器应建立完整的使用记录。仪器使用完毕要严格登记，填好相关使用记录。

7. 仪器使用完毕，使用者应按规定对仪器加以清洁，并将仪器恢复到最初状态。

8. 未经仪器负责人允许，不得将仪器设备随便外借。

第九节　实验室安全规则

1. 在实验室中应保持安静，不得高声喧哗和打闹；不准吸烟、饮食；不准随地吐痰；不准乱扔废纸、杂物。

2. 浓酸和浓碱具有腐蚀性。配制溶液时，应将浓酸注入水中，而不得将水注入浓酸中。

3. 取用试剂后，应立即盖好试剂瓶盖。绝不可将取出的试剂或试液倒回原试剂瓶或试液贮存瓶内。要妥善处理无用的或污染的试剂，固体弃于废物缸内，无环境污染的液体用大量水冲入下水道。

4. 实验过程中要细心谨慎，不得忙乱和急躁，应严格按照仪器操作规程进行操作，服从教师和实验技术人员的指导。

5. 发生事故时，要保持冷静，采取应急措施，防止事故扩大，如切断电源、气源等，并立即报告指导教师进行处理。待指导教师查明原因并排除故障后，方可继续实验。

6. 有故障仪器需要更换时，应报告指导教师，由指导教师解决，不允许学生在实验室内擅自改动仪器设备。

7. 实验时，仪器安装、预热完毕需经指导教师和实验技术人员检查确认后才能进行实验；实验过程中要合理安排时间，集中注意力，认真操作和观察，如实记录各种实验数据，记录的原始数据必须由指导教师核查并签名。实验时应积极思考分析，不得马虎从事，不得拼凑数据或抄袭他人的实验数据。

8. 实验中，不得将仪器处于无人看守状态，更不得私自拆卸仪器设备，未经许可不得动用与本实验无关的其他仪器设备及物品，不得进入与实验无关的场所，不得将任何实验室物品带出实验室。

9. 实验完毕应检查仪器使用状况，关闭电源、气源。填好仪器使用记录。

10. 值日生必须做好实验室清洁卫生和安全工作，关闭水、电、门窗。经指导教师和实验技术人员检查，批准后方可离开实验室。

11. 实验后，按要求写出实验报告，并认真分析实验结果，正确处理实验数据，细心绘制曲线图表等，不得更改原始数据。

思考题

1. 分析实验用水有何要求？
2. 玻璃仪器破碎如何正确处理？
3. 简述强酸、强碱废液处理的注意事项。
4. 对于易燃、易爆和剧毒药品，如何规范管理使用？
5. 如何规范管理实验室高温高压设备？

第四章 分子光谱分析

CHAPTER 4

第一节　紫外-可见分光光度分析

一、基本原理

（一）基本原理

紫外-可见分光光度法通常是研究 200～800nm 光谱区内物质对光辐射吸收的一种方法。由于紫外光和可见光所具有的能量主要与物质中原子的价电子的能级跃迁相似，可导致这些电子的跃迁，所以紫外-可见吸收光谱也有电子光谱之称。

紫外光是波长为 10～400nm 的电磁辐射，它可分为远紫外光（10～200nm）和近紫外光（200～400nm）。远紫外光能被大气吸收，不易利用。所以，本章讨论的紫外光，仅指近紫外光。可见光区则是指其电磁辐射能被人的眼睛感觉到的区域，即波长为 400～780nm 的光谱区。

（二）分析方法

紫外-可见吸收光谱用于定量分析的基本方法是：用选定波长的光照射被测物质溶液，测定它的吸光度，再根据吸光度计算被测组分的含量。计算的依据是吸收定律，它是由朗伯和比尔两个定律相联合而成的，又叫朗伯-比尔定律。

1. 吸收定律

如果溶液的浓度 c 和吸收层厚度 b 都是不固定的，就必须同时考虑 c 和 b 对光吸收的影响。当用一适当波长的单色光照射吸收物质的溶液时，其吸光度与溶液的浓度和吸收层厚度的乘积成正比。即：

$$A = \varepsilon bc \tag{4-1}$$

式中　ε——摩尔吸光系数。

当吸收层厚度 b 为定值时，吸光度 A 与样品浓度呈正比例关系，这是分光光度法定量分析的基本定律。

在实际工作中，常用的方法为标准曲线法和比较法。

2. 吸光度的加和性

如果溶液中含有 n 种彼此间不相互作用的组分，它们对某一波长的光都产生吸收，那么该溶液对该波长光吸光度 $A_{总}$ 应等于溶液中 n 种组分的吸光度之和。也就是说，吸光度具有加和性，可表示为：

$$A_{总} = A_1 + A_2 + A_3 + \cdots + A_n = (\varepsilon_1 c_1 + \varepsilon_2 c_2 + \varepsilon_3 c_3 + \cdots + \varepsilon_n c_n) b$$

吸光度的加和性对多组分同时定量测定、校正干扰极为有用。

3. 偏离比尔定律的原因

朗伯定律是普遍成立的，而比尔定律有时会产生偏离。偏离比尔定律的原因较多，基本上可分为物理及化学两个方面的因素。

（1）入射光非单色性引起的偏离　光吸收定律成立的前提是入射光必须是严格的单色光。但目前仪器所提供的入射光实际上是由波长范围较窄的光带组成的复合光，非严格的单色光，这就有可能造成对比尔定律的偏离。

实验证明，由于入射光的非单色性所造成的比尔定律的偏离在一般情况下是很小的，只要入射光所包含的波长范围在被测溶液的吸收曲线较平直部分，吸光物质的吸光系数没有大的差别，谱带得到的吸光度和浓度关系曲线仍为一直线。

（2）溶液本身引起的偏离

①化学元素引起的偏离：溶液中由吸光物质等构成的化学体系，常因条件的变化而形成新的化合物，如吸光组分的缔合，离解、互变异构，配合物的逐级形成及溶剂化等，破坏了吸光度与浓度的线性关系，导致偏离比尔定律。

因此，要避免这种误差，必须根据吸光物质的性质，溶液中化学平衡的知识，使吸光成分的浓度与物质的总浓度相等，或成比例地改变。

②溶液折射率变化引起的偏离：若溶液浓度变化能显著改变溶液的折射率，则可观测到普洛里比尔定律的现象，必须对比尔定律进行折射率（n）校正：

$$A = \varepsilon bcn/(n^2 + 2)^2 \tag{4-2}$$

一般来讲，在浓度小于 0.01mol/L 时，n 基本上为一常数，其影响可忽略不计。这是比尔定律只适用于稀溶液的原因之一。

（3）散射引起的偏离　溶液为胶体溶液、乳浊液或悬浊液时，在入射光通过溶液时，除一部分被吸光粒子吸收外，还有一部分被散射而损失，使透光度减小，实测吸光度增大，发生正偏差。

4. 吸光度法测量条件的选择

为确保吸光度法有较高的灵敏度和准确度，除了要注意选择和控制适当的显色条件外，还必须选择和控制适当的吸光度测量条件。

（1）吸光度测量范围的选择　在不同吸光度范围内，读数会引起不同程度的误差，为了提高测定的准确度，应选择最适宜的吸光度范围进行测定。

当所测吸光度为 0.15~1.0 或透光率为 10%~70%时，浓度测量误差为 1.4%~2.2%，最小误差为 1.4%。测量的吸光度过小或过大，误差都是非常大的，因而普通分光光度法不适用于高含量或极低含量物质的测定。

（2）入射光波长的选择　入射光的波长应根据吸收光谱曲线选择溶液有最大吸收时的波长。这是因为在此波长处摩尔吸光系数值最大，使测定有较高的灵敏度。同时，在此波长处的一个较小范围内，吸光度变化不大，不会造成对比尔定律的偏离，测定准确度较高。

如果最大吸收波长不在仪器可测波长范围内，或干扰物质在此波长处有强烈吸收，可选用非最大吸收处的波长。但应当注意尽量选择摩尔吸光系数值变化不太大区域内的波长。

（3）参比溶液的选择　分光光度法首先以参比溶液调节透光率至100%，然后再测定待测溶液的吸光度，这就相当于是以通过参比溶液的光束为入射光。这样，当待测溶液除被测定的吸光物质外，其余成分均与参比溶液完全相同时，就可以消除溶液中其他因素引起的误差。实际工作中要制备完全符合上述要求的参比溶液往往是不可能的。但是，应该尽可能地选用合适的参比溶液，以最大限度地减小这种误差。一般选择参比溶液的原则如下：

①如果仅待测物与显色剂的反应产物有吸收，可用纯溶剂作参比溶液。

②如果显色剂或其他试剂略有吸收，应用空白溶液（不加试样溶液）作参比溶液。

③如试样中其他组分有吸收，但不与显色剂反应，则当显色剂无吸收时，可用试样溶液作参比溶液；当显色剂略有吸收时，可在试液中加入适当掩蔽剂将待测组分掩蔽后再加显色剂，以此溶液作参比溶液。

选择参比溶液总的原则是使试液的吸光度真正反映待测物的浓度。

二、紫外分光光度计的组成

紫外分光光度计型号种类繁多，其基本结构由光学系统、电光系统、光电系统、电子系统、数据处理和输出打印系统等部分组成。光学系统由转向平面镜、聚光镜外光路系统、单色器三部分组成。其中，单色器是紫外分光光度计杂散光的主要来源，直接影响着整机的分析误差；单色器和外光路系统有很多类型。

电光系统由氘灯、钨灯和相应的电源组成，它直接影响着整机运行的稳定性。光电系统由硅光电池、光电管、光电倍增管、晶体管阵列组成，作用是将光信号转换为电信号，反映了仪器整机的灵敏度和适用范围。电子系统由A/D变换器、放大器等组成，作用是对电信号进行相应的处理，以适于显示和识别。放大器是产生仪器噪声的主要来源，对仪器的稳定性、灵敏度和分析误差有较大的影响。数据处理、输出打印系统负责显示和输出电信号，特别是对软件部分，决定了紫外分光光度计的可操作性和质量。

三、应用领域

紫外-可见分光光度计是一类重要的分析仪器，不仅在物理学、化学、生物学、医学、材料学、环境科学等研究领域，还在化工、医药、环境检测、冶金等现代生产与管理部门都有广泛而重要的应用。

（1）检定物质　根据吸收光谱图上的一些特征吸收，特别是最大吸收波长 λ_{max} 和摩尔吸收系数 ε，检定物质。

（2）与标准样品或标准谱图对照　将分析样品和标准样品以相同浓度配制在同一溶剂中，在同一条件下分别测定紫外可见吸收光谱。若两者的光谱图完全一致，则两者是同一种物质；如果没有标准样品，也可和现成的标准谱图对照进行比较。这种方法要求仪器准确，精密度高，测定条件要相同。

（3）比较最大吸收波长吸收系数的一致性　紫外吸收光谱只含有2~3个较宽的吸收带，而紫外光谱主要是分子内的发色团在紫外区产生的吸收，与分子和其他部分关系不大。具有相同发色团的不同分子结构，在较大分子中不影响发色团的紫外吸收光谱，不同的分子结构有可能有相同的紫外吸收光谱，但它们的吸收系数是有差别的。若分析样品和标准样品的吸收波长相同，吸收系数也相同，则认定分析样品与标准样品为同一种物质。

（4）反应动力学研究　通过分光光度法能获得一些化学反应速度常数，并从两个或两个以上温度条件下取得速度数据，得出反应活化能。

（5）纯度检验　紫外吸收光谱能测定化合物中含有微量的具有紫外吸收的杂质，若化合物的紫外可见光区无明显的吸收峰，而它含有的杂质在紫外区内有较强的吸收峰，就可以检测出化合物中的杂质。

（6）氢键强度的测定　不同的极性溶剂产生氢键的强度也有差异，因此可以利用紫外光谱来判断化合物在不同溶液中氢键强度，以确定选择哪一种溶剂。

（7）络合物组成及稳定常数的测定　金属离子常与有机物形成络合物，多数络合物在紫外可见区是有吸收的，可以采用分光光度法来研究其组成。

四、紫外分光光度计的发展趋势

紫外分光光度计的发展趋势分为以下五个方面：①单色器、检测器、显示或记录系统、光源等分光光度计组件的不断发展和完善。特别是全息光栅技术的飞速发展，使成本不断降低，正在迅速取代机刻光栅。②新型紫外分光光度计配备了种类丰富的附件产品，比如积分球、试管架、蠕动泵进样、微量样品池架、特定样品池架、恒温池架、光纤探测装置和镜面反射附件等。③计算机控制技术正在不断被应用到紫外分光光度计中，大大改善了仪器的性能，提高了自动化程度。④新型紫外分光光度计的性能在不断提高。例如，我国北京瑞利公司生产的 UV-2200 型紫外分光光度计，其杂散光可达到 1/100000，光谱带宽 0.1~5nm，分 6 档可变，具有<0.1nm 的光谱分辨率。⑤紫外分光光度计的功能逐步增多，实现了一机多用。例如，岛津公司的 UV-1240 紫外分光光度计既具有常规光度检测功能，又可以作为生物酶和水质分析的仪器。

随着相关领域科学技术的不断发展，紫外分光光度计仪器分析技术正向着快速、准确、自动、灵敏和适应强等方向迅速发展。仪器科研工作者要熟练掌握各种常规分析仪器的性能和操作方法，确保顺利开展科研工作。

第二节　红外吸收光谱分析

物质分子在获得一定的光能之后，不仅可以引起分子中价电子跃迁，同时也会引起分子的振动和转动能级的跃迁，后一种跃迁所产生的光谱称为振动和转动光谱，也称红外吸收光谱，简称红外光谱。

一、基本原理

（一）分子的振动

构成物质的分子都是由原子通过化学键联结而成的。原子与化学键不断运动，受光能辐射后发生跃迁，除了原子外层价电子的跃迁之外，还有分子中原子的相对振动和分子本身的绕核转动。上述分子中的各种运动形式都是由于吸收外来能量引起分子中能级跃迁所致，每一个振动能级的跃迁都伴随着转动能级的跃迁，因此，通常得到的红外光谱实际上是振动-转动光谱。

（二）红外光谱产生的条件

当以红外光照射物质分子时，可能产生红外吸收。但并不是分子的任何振动都能产生红外吸收光谱，只有物质吸收了电磁辐射满足下列两个条件时，才能产生红外吸收光谱。

条件一：光辐射的能量恰好能满足物质分子振动跃迁所需的能量。

条件二：光辐射与物质之间能产生耦合作用，即物质分子在振动周期内能发生偶极矩的变化。

红外光谱产生的实质是外界光辐射的能量通过偶极矩的变化转移到了分子内部，使其吸收了光能产生了红外光谱。可见，只有发生偶极矩变化的振动才能引起可观的红外吸收峰。

对于对称分子如 N_2、O_2，由于其正负电荷中心重叠，故分子中原子的振动并不引起偶极矩的变化（$\Delta\mu=0$），所以它们的振动不产生红外吸收，这种振动称为非红外活性的；反之，则称为红外活性的，如 CO、HCl 等。不同吸收峰强度及其不同吸收强度表示符号如表 4-1 所示。

表 4-1　　吸收峰的强度及其不同吸收强度表示符号

峰类型	vs——极强峰	s——强峰	m——中强峰	w——弱峰	vw——极弱峰
ε_{max}/L/(mol·cm)	>100	20~100	10~20	1~10	<1

1. 基团的特征区与指纹区

（1）基团特征区　在红外吸收光谱中，由伸缩振动产生的吸收带位于 4000~1330cm^{-1}（波长为 2.5~7.5μm）区域内。基团的特征吸收峰一般位于该高频范围内且峰呈现稀疏状，容易辨认。因此，它是基团鉴定工作有价值的区域，称该区域为基团特征区。

在该区域的 4000~2500cm^{-1} 内为 X-H 伸缩振动（X=O、C、N、S 等），该区出现的吸收峰表明分子中有含氢的基团存在。

在 2500~2000cm^{-1} 主要为累积双键及三键区。

在 2000~1330cm^{-1} 为双键伸缩振动区域。另外还包括部分含单键基团的面内弯曲振动的基频峰。

（2）指纹区　波数在 1330~667cm^{-1}（波长 7.5~15m）的区域称为指纹区。

在该区域中，各种官能团的特征频率缺乏鲜明的特征性。在指纹区包括单键的伸缩振动及变形振动所产生的复杂光谱。当分子结构稍有不同时，该区的吸收就有细微的差异，而且峰带非常密集，犹如人的指纹，故称指纹区。因此，可以利用分子结构上的微小变化引起的指纹区内光谱的明显变化来确定有机化合物的结构。

2. 重要基团的特征吸收频率

在红外吸收光谱中，每一种红外活性的振动都将可能产生一个相应的吸收峰，因此，在红外吸收图谱上有相当多的吸收带，它们都具有自己特定的频率范围、形状和强度。所以，当我们试图用红外吸收光谱确定化合物中存在哪些官能团时，首先要考虑在基团特征区有哪些特征峰存在，同时以相关峰作为佐证。必要时，对于一些难确定的化合物还可借鉴激光拉曼光谱加以验证。

基团振动频率的大小主要取决于基团中原子的质量及化学键力常数，但其振动和转动又不是孤立的，而是要受到其他部分，特别是邻近的基团及化学键的影响，使基团的振动频率在一定范围内发生变化。此外，基团频率还受到溶剂及测定条件的影响。影响因素有如下几点。

（1）电子效应　主要是诱导效应、共轭效应以及偶极场效应。

（2）氢键效应　与质子给予体 X-H 与质子接受体 Y 形成氢键：X-H…Y（X、Y=N、O、F）。这种效应使电子云密度平均化，使键力常数降低，结果使振动频率向低波数方向移动。

（3）振动耦合效应　当两个振动频率相近又相互靠得很近（共有一个公共原子）时，它们之间可能产生相互作用，使吸收峰分裂变成两个，一个高于正常频率，另一个则低于正常频率，这种作用也称为机械振动耦合效应。

以上 3 点称为内部因素。另外，还有 3 点外部因素。外部因素主要指测定化合物时物质的状态、溶剂的影响以及仪器光学性能的好坏。

（1）物质的状态　同一物质因状态不同会有不同的红外光谱，这是由于状态不同，分子间相互作用力大小不一所致。物质在气态时，分子之间距离大，相互作用力很弱，彼此影响很小，因此，常常在观察到振动吸收谱的同时也能看到转动吸收光谱的精细结构。

（2）溶剂的影响　在实际测定中，常常由于溶剂的种类、溶液浓度以及测定时温度的不同，即使同一种物质，也难得到一样的红外图谱。在极性溶剂中，极性基团的伸缩振动常常随溶剂极性的增大而降低，振动频率由大到小，而强度增大。

同一种化合物在不同的溶剂中吸收频率不同。在非极性溶剂中，化合物的特征频率变化不大。在红外光谱测定中常用的溶剂有 CCl_4、CH_3Cl、CS_2、CH_3CN 等。

（3）仪器的光学性能　现在的仪器多用分辨率高、波段范围宽的光栅，Michelson 干涉仪的干涉调频分光元件使仪器的光学性能得到了很大的提高。因此，傅里叶变换红外光谱仪的产生，大大扩展了红外光谱的应用范围。

二、分析方法

在红外光谱中，常用波长（λ）和波数（v）表示谱带的位置，但更常用波数（v）表示。波长与波数的关系如下：

$$v = 1/\lambda$$

在红外光谱法中，一般多用 $T-\lambda$ 和 $T-v$ 曲线来描述红外吸收光谱。两种描述方法不同，所得到的图谱的外貌多有差异，即峰位置、峰的强度和形状往往不同。$T-\lambda$ 和 $T-v$ 图谱中的吸收峰，其实是向下的“谷”。

第三节　荧光光谱分析

许多化合物有光致发光现象。化合物受到入射光的照射后，吸收辐射能，发出比吸收波长长的特征辐射。当入射光停止照射时，特征辐射也很快地消失，这种辐射光线就是荧光。整个电磁波范围内都可能产生这种辐射。液相色谱中的荧光检测器仅使用吸收紫外光或可见光而发射的荧光。利用测量化合物荧光强度对化合物进行检测的液相色谱检测器就是荧光光谱法。

一、荧光的产生

从电子跃迁的角度来讲，荧光是指某些物质吸收了与它本身特征频率相同的光线以后，原子中的某些电子从基态中的最低振动能级跃迁到较高的某些振动能级。

电子在同类分子或其他分子中撞击，消耗了相当的能量，从而下降到第一电子激发态中的最低振动能级，能量的这种转移形式称为无辐射跃迁。由最低振动能级下降到基态中的某些不同能级，同时发出比原来吸收的频率低、波长长的一种光，就是荧光（图 4-1）。被化合物吸收的光称为激发光，产生的荧光称为发射光。荧光的波长总要比分子吸收的紫外光波长长，通常在可见光范围内。荧光的性质与分子结构有密切关系，不同结构的分子被激发后，并不是都能发射荧光。

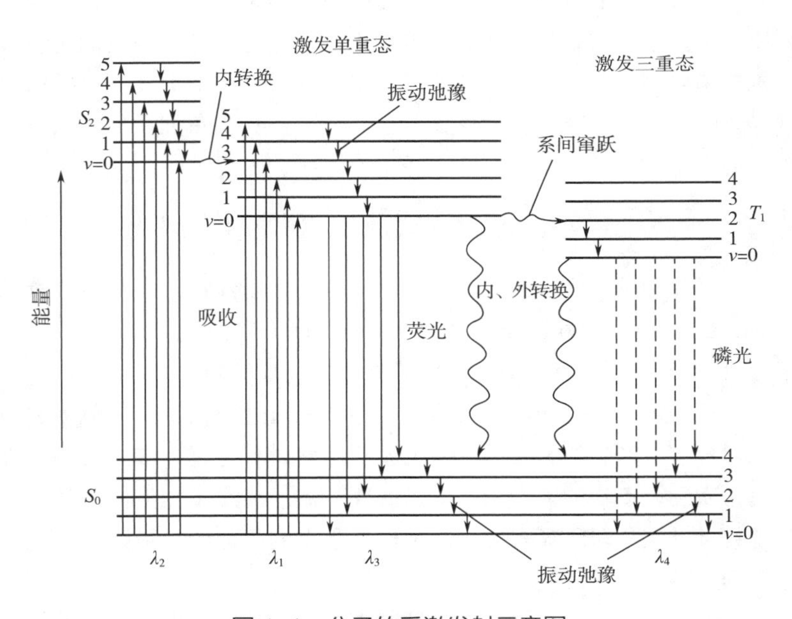

图 4-1 分子的受激发射示意图

二、定量基础

在光致发光中，发射出的辐射量总依赖于所吸收的辐射量。由于一个受激分子回到基态时可能以无辐射跃迁的形式产生能量损失，因而发射辐射的光子数通常都少于吸收辐射的光子数，这里以量子效率 Q 来表示：在固定的实验条件下，量子效率是个常数。通常 $Q<1$，对可用荧光检测的物质来说，Q 值一般在 0.1~0.9。荧光强度 F 与吸收光强度成正比：

$$F = Q(I_0 - I) \tag{4-3}$$

式中　I_0——入射光强度；

I——透射光强度；

I_0-I——吸收光强度。

透射光强度可由朗伯-比尔定律求得：

$$A=\varepsilon bc=\lg\frac{I_0}{I} \tag{4-4}$$

$$I=I_0 e^{-2.303\varepsilon bc} \tag{4-5}$$

因此：

$$F=QI_0(1-e^{-2.303\varepsilon bc}) \tag{4-6}$$

当被分析物浓度足够低时（吸光度<0.05），式（4-6）可简化为：

$$F=2.303QI_0\varepsilon bc \tag{4-7}$$

由于在实验室用仪器中，总发光量仅有某一确定的部分被检测器收集检测，当考虑了荧光收集效率 K 后：

$$F=2.303KQI_0\varepsilon bc \tag{4-8}$$

由式（4-8）可见，对于稀溶液，荧光强度与荧光物质溶液浓度、摩尔吸光系数、吸收池厚度、入射光强度、荧光的量子效率及荧光的收集效率等成正相关。在其他因素保持不变的条件下，物质的荧光强度与该物质溶液浓度成正比。这是荧光检测器的定量基础。荧光检测器属于浓度敏感型检测器，可直接用于定量分析。但是，与使用紫外-可见光检测器时一样，由于各种物质的 Q 和 ε 数值不同，在定量分析中，不能简单地用峰高或峰面积的归一化法来计算各组分的含量。

三、激发光谱和发射光谱

荧光涉及光的吸收和发射两个过程，因此，任何荧光化合物，都有两种特征的光谱：激发光谱（exitation spectrum）和发射光谱（emission spectrum）。

荧光属于光致发光，需选择合适的激发波长（E_x）以利于检测。激发波长可通过荧光化合物的激发光谱来确定。激发光谱的具体测绘办法是通过扫描激发单色器，使不同波长的入射光激发荧光化合物，产生的荧光通过固定波长的发射单色器，被光检测元件检测。最终得到的荧光强度对激发光波长的关系曲线就是激发光谱。在激发光谱曲线的最大波长处，处于激发态的分子数目最多，即所吸收的光能量也是最多的，能产生最强的荧光。当只考虑灵敏度时，测定应选择最大激发波长。

一般所说的荧光光谱，实际上仅指荧光发射光谱。它是在激发单色器波长固定时，发射单色器进行波长扫描所得到的荧光强度随荧光波长（即发射波长，E_m）变化的曲线。荧光光谱可供鉴别荧光物质，并作为在荧光测定时选择合适的测定波长的依据。

另外，由于荧光测量仪器的特性，例如，光源的能量分布、单色器的透射率和检测器的响应等性能会随波长而变，所以同一化合物在不同的仪器上会得到不同的光谱图，且彼此间无类比性，这种光谱称为表观光谱。要使同一化合物在不同的仪器上能得到具有相同特性的荧光光谱，则需要对仪器的上述特性进行校正。经过校正的光谱称为真正的荧光光谱。

荧光分析法之所以应用日益广泛，一方面是荧光分析法具有很高的灵敏度。激发波长和发射波长是荧光检测的必要参数，选择合适的激发波长和发射波长，可以较大程度地提高检测灵敏度。在微量物质的分析方法中，应用最为广泛的至今仍首推比色法和分光光度法，但在灵敏度方面，荧光分析法的灵敏度一般要比这两种方法高2~3个数量级。

荧光分析中，是由所测得的荧光强度来计算待测溶液中荧光物质的含量，而荧光强度的测量值不仅和被测溶液中荧光物质的本性及其浓度有关，还与激发光的波长和强度以及荧光检测器的灵敏度有关。加大激发光的强度，可以增大荧光强度，从而提高分析的灵敏度。对于光敏物质来说，过度加大荧光强度会产生荧光物质的光解作用。现代电子技术的发展也提升了微弱光信号检测灵敏度，荧光分析的灵敏度可达亿分之几，与色谱分离技术相结合，已接近或达到单分子检测的水平。

另一方面，针对有机化合物的分析，荧光分析的选择性好。有机物内在的本质差异，使其不一定都会发荧光，况且，发荧光的物质彼此之间在激发波长和发射波长方面也有所不同，因而通过选择适当的激发波长和荧光测定波长，便可能达到选择性测定的目的。对于金属离子的荧光分析法，其选择性并不高，这是由于许多金属离子常和同一有机试剂组成结构相近的配合物，而这些配合物的荧光发射波长又极为靠近。

除了灵敏度高和选择性好之外，荧光分析法动态线性范围宽、方法简便、重现性好、取样量少、仪器设备不复杂等。由于有些物质无自发性荧光，不能进行直接的荧光测定，从而妨碍了荧光分析应用范围的扩展。对于荧光的产生与化合物结构的关系还需要进行更深入的研究，以便制备灵敏度高、选择性好的新荧光试剂，使荧光分析的应用范围进一步扩大。

思考题

1. 参比溶液有什么作用？如何选择参比溶液？
2. 红外光谱是什么？什么条件会产生红外光谱？
3. 荧光检测器的定量基础是什么？
4. 基团频率有何作用？受哪些因素影响？
5. 如何测绘荧光的激发光谱和发射光谱？

第五章

电化学分析

第一节　电化学分析中的电极

一、工作电极

工作电极是电化学检测器的重要组成部分。安培检测器和极谱检测器的区别主要在于工作电极。极谱检测法中采用滴汞电极作为工作电极。滴汞电极的主要优点是提供一个新的电极表面，克服了电极表面的污染问题。但由于汞易氧化，一般只能用在负电位或 0.5V 以下的正电位，适用范围较窄。安培检测器采用固体工作电极，这类电极的高阳极范围能检测多种氧化性物质和还原性物质，适用范围很宽。缺点是电极表面不能更新，需要经常清洗和更换。

安培检测器的灵敏度和选择性取决于工作电极的几何尺寸和所用的电极材料，电极材料应能提供足够的灵敏度、选择性和稳定性。主要考虑以下四点：①在一定流动相中工作电极的极限电位；②电化学反应的动力学；③电极材料对介质溶液的物理化学反应的惰性；④噪声大小。

固体工作电极有各种类型的碳电极和不同的贵金属电极。玻璃碳是一种最广泛应用的碳电极材料，它具有对有机溶剂的惰性强、气密性好、使用寿命长（5 年）和应用电势范围广泛等优点。玻璃碳电极在反相液相色谱流动相中有很好的稳定性和应用，尤其是被广泛用于各种有重要生物医学意义的易氧化物质的测定。为了保证玻璃碳电极的正常工作，电极表面要严格光学抛光，对使用过的电极应注意在下次使用前对已污染的电极进行清洁处理。由石墨粉末和有机黏合剂如矿物油等构成的碳糊电极的背景电流低，造价低，电极表面容易更新，可部分代替玻璃碳电极。缺点是有机黏合剂在含有机溶剂 20%～30%的流动相中有溶解趋向。近年来将碳粉结合在各种聚合物（聚乙烯、KCl-F 和聚氯乙烯等）中制得的复合材料电极性能很好。另外，特别值得重视的是网状玻碳电极（RVC），它具有低电阻，大表面积及物理连续结构，灵敏度高，信噪比大等特点，因而测量下限明显降低。碳电极的电势平衡速度慢，一般需 20～40min 的平衡时间。

贵金属电极是电的良导体，具有抗氧化、抗腐蚀、超电压低、不钝化等特性，适合作阳极材料，制作成片、网、丝等形状的阳极。在实验室中用镀有铂黑的铂电极作氢电极，铂、钯、金等用作研究电化学反应的电极，也用作放氧、放氯反应的阳极。极限电位对贵金属电极的检测灵敏度具有重要影响，金、银、铂和汞等在酸性和碱性溶液中的极限电位如表5-1所示。一般负极限电位在碱性溶液中高，而正极限电位在酸性溶液中高。汞作为电极材料可提供最广泛的阳极电势范围，通常用于检测还原性物质。金、铂贵金属电极在表面催化氧化脉冲伏安检测碳水化合物、醇等化合物中的应用逐渐增多。这些化合物也可用镍、铜电极来检测。另外，银电极有氧化反应测定 CN^-、S^{2-}和卤素离子（X^-）等的特殊应用。这些离子与银生成银盐和银络合物等，导致正极限电位降低，电极本身被氧化，从而可以得到间接测定。

$$Ag + 2CN^- \rightarrow [Ag(CN)_2]^- + e^-$$

$$2Ag + S^{2-} \rightarrow Ag_2S + 2e^-$$

$$Ag + X^- \rightarrow AgX + e^-$$

表5-1　　不同工作电极材料的极限电位

工作电极	极限电位	
	碱性溶液（0.05mol/L KOH）	酸性溶液（0.1mol/L $HClO_4$）
玻璃碳	-1.5~+0.6	-0.8~+1.3
金	-1.25~+0.75	-0.35~+1.1
银	-1.2~+0.1	-0.55~+0.4
铂	-0.9~+0.65	-0.20~+1.3
汞	-1.9~+0.05	-1.1~+0.6

近年来，化学修饰电极在液相色谱电化学检测中的应用逐渐增多。化学修饰电极通过对电极表面的不同修饰，达到提高选择性和灵敏度、增强稳定性、降低超电压和延长电极使用寿命等目的。例如，利用螯合剂乙二胺四乙酸（EDTA）和丁二酮肟作为修饰剂的化学修饰电极能选择性地通过键合预浓集痕量待测金属离子；以乙酸纤维素覆盖铂电极表面，可清除蛋白质的干扰；以醌、噻吩嗪衍生物等修饰铂或碳电极，可降低还原型辅酶Ⅰ的超电压。值得一提的是，以酶和有关生物分子作为修饰剂的化学修饰电极，特别有利于电极在生物领域测定中的应用。

化学修饰电极的不同修饰剂在电极上的固定有多种方法：①修饰剂在电极表面的直接吸附；②修饰剂同电极表面特殊点以共价键结合；③用包含修饰基团的聚合物覆盖在电极表面；④可溶性修饰剂与碳糊等电极材料的混合。由于修饰剂在电极上的固定，化学修饰电极会有电极本身和修饰材料两方面对待测物的响应，它不但能提供待测物的氧化还原特性的信息，而且待测物的电荷量、极性、旋光性和渗透性等物理特性也可能在电极响应方面得到反映。电极表面的物理化学和生物化学修饰，尤其扩大了它在生物测定中的应用。化学修饰电极上的修饰材料是通过离子交换、液液萃取或体积排阻等效应对待测物表现出选择性；修饰材料对待测物的选择性催化作用等。离子交换无机覆盖物把电化学检测延伸到非电活性阳离子领域。

为了适应现代分析化学对灵敏度要求的不断提高，微型柱以及毛细管柱液相色谱对微型电化学检测池的要求，微电极的研制和应用发展引人注目。微电极可在极微小的体系内工作，降低了检测池的死体积，对于细孔柱分离、电化学检测很重要。采用常规电极的电化学检测器，不能对高效液相色谱中常用的有机溶剂流动相直接检测，而微电极可以构成性能优良的电化学检测器。这是因为微电极通过电极的电流很小，*IR* 降可以忽略，允许在较大电阻的介质中使用，甚至在非极性溶剂中检测。微电极直径一般为几微米。随着电极的缩小，物质在电极表面的扩散由于边缘效应趋于球形，传质过程极大地增加，电极响应速度快，扫描速度比常规电极快 3 个数量级。低的应用电势下，微电极电流密度极高，极化电流小，提高了信噪比。

二、参比电极和对电极

通常用银-氯化银或饱和甘汞电极作为参比电极，金、铂或玻璃碳电极作为对电极。参比电极、对电极应放在工作电极的下游，这样对电极的反应产物和参比电极的渗漏等不会干扰工作电极。对电极又称辅助电极、补偿电极，一般置于池的出口处，并尽可能地靠近工作电极，构成电化学反应中的回路。连接色谱柱到检测池的不锈钢毛细管有时可用作对电极，甚至以惰性材料建造的池体自身也可以充当对电极。供给氧化或还原反应的恒定电位加在工作电极和参比电极之间，对电极以抵偿电阻确保施加电位的恒定，并阻止产生大电流通过参比电极，减少电位漂移和提高检测的重现性。参比电极作为反馈溶液电位信息的探针，随时与设定的施加电位进行比较，使电压跟随器和受控放大器互成恒电位器。工作电极保持在有效接地状态，因此，在测量过程中，即使施加电位改变，其对地电位也相对稳定。

氢电极是一种新型的参比电极，它的电势取决于流动相的 pH，具有应用范围宽（pH 1～14，有机调节剂浓度可达 100%）、气密性好等优点。对于银-氯化银电极不能使用的高 pH（>11）、高调节剂浓度（>80%）条件下仍能适用。例如，它可在 pH 12 时分析碳水化合物，流动相含 98%甲醇时分析脂溶性维生素。

第二节　电位分析

电位分析法是利用电极电位与浓度的关系测定物质含量的分析方法。将指示电极（对待测离子响应的电极）、参比电极（其电位数值恒定）和待测试液组成原电池，测定其电动势即可进行定量分析。根据测量方式的不同可分为直接电位法（电位测定法）和电位滴定法。

电位分析时，原电池可表示如下：

指示电极 | 待测离子溶液 | | 参比电极

电池的电动势：

$$E=\varphi_{参比}-\varphi_{指示} \tag{5-1}$$

式中　$\varphi_{参比}$——参比电极的电极电位；

$\varphi_{指示}$——指示电极的电极电位。

其中常用的参比电极是甘汞电极、银-氯化银电极等，常用的指示电极是离子选择性电极。

离子选择性电极是一类对溶液中特定离子具有选择性电位响应的电化学传感器，离子选择性电极中有一敏感膜，能使特定离子与敏感膜中的离子产生离子交换，从而产生膜电位。在一定条件下，膜电位 $\varphi_{膜}$ 和特定离子活度 a_M 间的关系符合能斯特（Nernst）方程式，即：

$$\varphi_{膜} = K + \frac{RT}{nF}\ln a_M \quad (5-2)$$

式中 $\varphi_{膜}$——膜电位；

K——平衡常数；

R——摩尔气体常数，8. 31441J/(mol · K)；

T——温度；

n——电极反应中电子转移数；

F——法拉第常数，96. 487kJ/(v · mol)。

指示电极的电极电位 $\varphi_{指示}$ 为内参比电极电位（恒定值）与膜电位之和，可表示为：

$$\varphi_{指示} = K^1 + \frac{RT}{nF}\ln a_M \quad (5-3)$$

式中 $K^1 = K + \varphi_{参比}$，电池的电动势则可表示为：

$$E = \varphi_{参比} - \varphi_{指示} = \varphi_{参比} - K' - \frac{RT}{nF}\ln a_M = K'' - \frac{RT}{nF}\ln a_M \quad (5-4)$$

式中 $K'' = \varphi_{参比} - K'$。

因此，测定电池的电动势就可求得待测离子的活度或浓度。

直接电位法是通过测量电池电动势，利用电动势与待测组分活（浓）度之间的函数关系，直接测定试样溶液中待测组分活（浓）度的方法，常分为溶液 pH 的测定和其他离子浓度的测定。溶液的 pH 通常采用 pH 复合电极，通过二次定位法测定。其他离子浓度的测定常用的方法有标准曲线法和标准加入法。标准曲线法是通过配制一系列浓度不同的标准溶液，在相同的实验条件下分别测定各溶液的电动势，绘制电动势-浓度曲线，然后在同样的实验条件下，测定待测溶液的电动势，从标准曲线上查出相应的浓度。此法适用于大批量同一类型的试样分析，但实验条件必须一致。标准加入法是将一定量已知浓度的标准溶液加入到待测溶液中，测定加入标准溶液前后电池的电动势差，由此计算待测溶液的浓度。此法适用于组成比较复杂、份数较少的试样。

电位滴定法是在滴定过程中通过测量电位变化以确定滴定终点的方法，在滴定反应进行到化学计量点附近时，由于待测物质浓度发生变化，导致电极电位发生突跃，这样就可以利用电极电位的突跃来确定滴定反应的终点。和直接电位法相比，电位滴定法不需要准确测量电极电位值，因此，温度、液体接界电位的影响并不重要，其准确度和精密度优于直接电位法，相比于普通滴定法，电位滴定法更适用于滴定突跃不明显或试液有色、浑浊、用指示剂指示终点有困难时的滴定分析。

第三节　库仑分析

一、库仑检测器

库仑检测器是一种适用性广的高精度检测器。库仑检测方式同安培检测方式很相近，许多在安培检测器上检测的样品也能用库仑检测器检测，而且库仑检测器基于电活性物质在工作电极上的定量电解，因此，原则上不受检测池形状、样品流速、黏度、扩散系数和温度等影响。

具体地说，库仑检测器是通过测量电活性物质在电极表面通过氧化或还原反应失去或获得电子产生的电量而进行检测的。根据法拉第定律，在电解过程中，在电极上起反应的物质的量与通过电解池的电量成正比，这是库仑分析的定量基础。法拉第定律的关系式是：

$$W = QM/Fn \tag{5-5}$$

式中 W——物质在电极上反应的量，kg；

Q——检测电量，以 C 为单位，1A 的电流通过溶液时间为 1s 的电量是 1C；

M——物质的分子质量；

n——电子转移数；

F——法拉第常数，1F＝96500C。

由于电解所消耗的电量是由法拉第定律决定的绝对测量，要求 100%的电解效率，所以不需要校正曲线。库仑检测器也是电化学检测法中较常用的检测器，灵敏度高，灵活性强，选择性可控制，动态响应范围宽，易在梯度淋洗下应用。

为了得到足够高的电解效率，库仑检测法要求用大面积电极，小的流通池体积和低样品流速。电势脉冲方式改变的应用，如方波脉冲、线性扫描等，可以提高灵敏度。被测溶液不应有高补偿电阻，否则在高浓度时会因为大的 *IR* 降而偏离正常工作条件。

在库仑检测法中，一般使用大表面积的多孔物质作为电极材料。这种电极有以下弊端：①有机溶质的不可逆吸附；②本底电流增加；③电极表面污染；④池体积大。这些弊端限制了库仑检测器的一些应用。也有人在特定条件下，采用以恒定比例进行部分电解的检测技术，这样可以减少峰展宽与电极的钝化现象，但要求严格地控制相应的测量条件。一种铂粒填充床式库仑检测器如图 5-1 所示，池死体积较大（350μL），对 Fe^{2+} 的绝对检测下限为 4×10^{-10}mol。

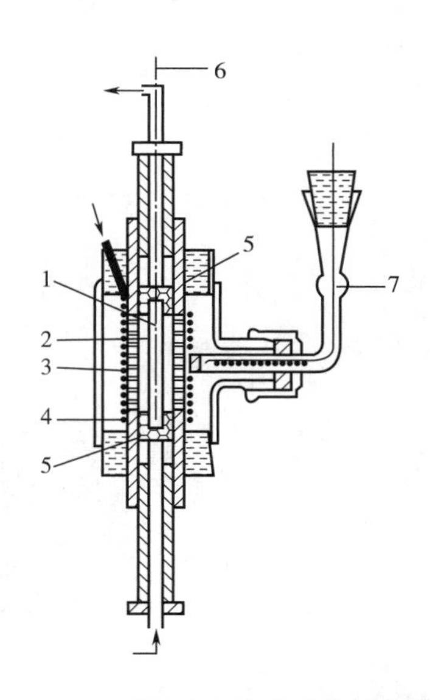

图 5-1 铂粒填充床式库仑检测器

1—充铂粒的电解室；2—分离阳极室与阴极室的多孔管；3—铂丝辅助电极；4—氯丁橡胶连接；5—聚四氟乙烯熔接；6—连接工作电极的铂丝；7—参比电极。

二、库仑电极阵列检测器

一般来说，库仑检测器由于电解效率高（100%），与安培检测器相比（安培检测器电解效率仅约 5%），具有更高的灵敏度。这种特点使库仑电极阵列检测器比安培电极阵列检测器（即串联多电极型安培检测器）更适用于三维色谱峰的分辨（图 5-2）。图 5-2（1）中，当被测物质在具有其氧化电势的电极表面发生氧化反应时，由于在该电极表面只有很少的组分被氧化，其他所有的具有更高电势的电极表面也会发生同样的氧化反应，产生相似的氧化电流色谱峰，从而降低了色谱分辨率。图 5-2（2）使用的是库仑电极阵列检测方式，由于化合物在其氧化电势下具有 100%的电解效率，所以被测物质只在其氧化电势电极附近很少的几个电极上发生氧化反应。

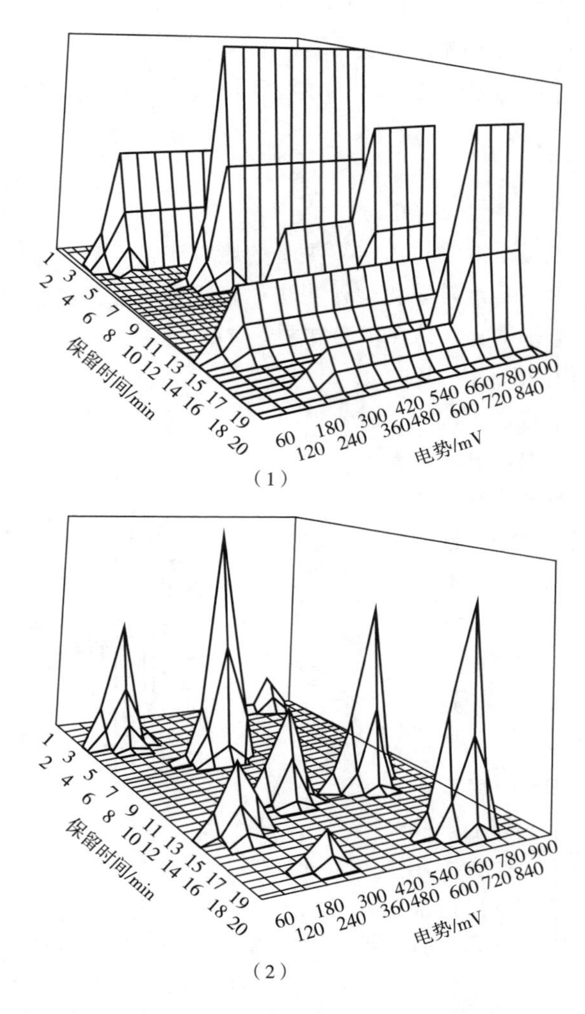

（1）

（2）

图 5-2　电化学阵列检测同一样品的色谱图

（1）安培电极阵列检测色谱图　（2）库仑电极阵列检测色谱图

同安培电极阵列检测器相比，库仑电极阵列检测器具有更高的分辨率，它是目前电化学检测器中唯一的多电极阵列商品检测器。

库仑电极阵列检测器主要具有如下优点。

（1）由于共淋洗色谱峰具有不同的氧化还原电势，库仑电极阵列检测器提高了共淋洗色谱峰的分辨能力，进而使一些样品的制备得到简化。

（2）当被测物质在电极阵列表面通过时，通常可以在三个连续电极上发生反应，第一、第三个电极上只进行很小一部分的反应，大部分反应在第二个电极表面发生，三个电极上电流的响应比为一常数，与浓度无关。这种响应比率的方法有利于色谱峰纯度的验证和色谱峰的定性，因为任何不纯物质或不同物质的三个电极电流的响应比率与标准纯物质不会相同。

（3）高的氧化（或还原）电势经常会导致高背景电流和灵敏度的降低。使用电极阵列检测，氧化电势高的物质中的一部分在低的氧化电势电极上也会发生反应，形成一种“级冲”，使得背景电流降低，提高了高电势条件下的灵敏度和稳定性。

库仑电极阵列检测器在鉴别色谱峰纯度和对复杂体系大量化合物的同时测定方面特别有效，对于一些领域有很好的应用。例如，在对脑神经细胞液的高效液相色谱分离分析中，由于保留时间相近，一次只能分离检测其中的一两种化合物，而库仑阵列检测器能在 35min 内分辨 30 种化合物，检测限为 2pg。另外，由于一些药物的代谢产物的结构与原药很相似，在液相色谱中分离困难，使用响应比率的办法可以鉴别色谱峰的纯度，为代谢物的确证提供了信息。

第四节　伏安分析

伏安分析法（voltammetry）是以测定电解过程中的电流-电压曲线（伏安曲线，$i-E$ 曲线）为基础的电分析化学法，据此可得到有关电解质溶液中电活性物质的定性与定量信息。极谱分析法（polarographic analysis）也属于伏安分析法，它是以滴汞电极为工作电极的伏安分析法。

经典极谱分析的电解池是由一个面积小而易于极化的滴汞电极（一般作阴极）和一个面积大而不易极化的参比电极（甘汞电极或汞池，一般作阳极）及待测试液所组成（图 5-3），在均匀施加递增电解电压，并保持试液静止状态下，进行电解，可得到如图 5-4 所示的电流-电压曲线。曲线的 AB 段称为残余电流 i_r，它是由溶液中的微量杂质（尤其是溶液中未除尽的氧）被还原形成的电解电流和滴汞电极在成长和滴落过程中，汞滴面积不断改变所引起

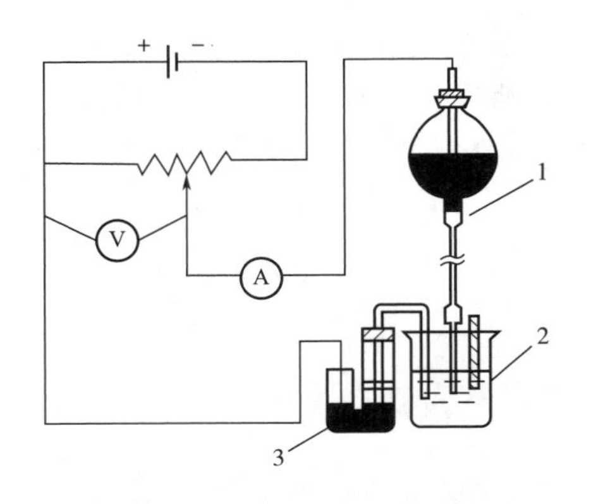

图 5-3　极谱分析的基本装置

1—滴汞电极；2—电解池；3—汞或甘汞电极。

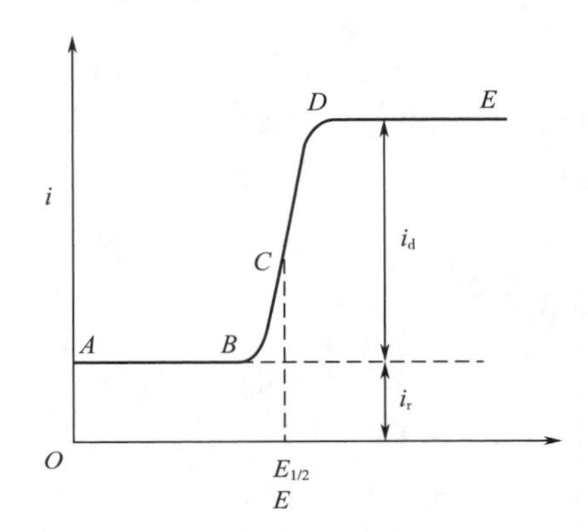

图 5-4　电流-电压曲线

的充电电流（也称电容电流）两部分所构成的。当电压增加到金属离子的分解电压后（*BD*段），电流随电压的增加而迅速增加，此时金属离子 M^{2+} 在滴汞电极（阴极）上发生还原反应，生成金属，并有可能与汞生成汞齐：

$$M^{2+} + Hg + 2e^- \rightleftharpoons M(Hg)$$

在阳极上发生氧化反应：

$$2Hg + 2Cl^- \rightleftharpoons Hg_2Cl_2 + 2e^-$$

由于滴汞阴极表面的 M^{2+} 消耗，导致电极表面的离子浓度 c_0 与主体溶液中的离子浓度 c 存在一定的浓差梯度，因而使金属离子从主体溶液向电极表面扩散，如果离子除上述扩散运动外，不存在其他质量传递过程，则电解电流 i 与 M^{2+} 的浓差梯度成正比：

$$i = K(c - c_0) \tag{5-6}$$

当电压继续增加超过 *D* 点后（*DE* 段），滴汞电极的电位变得更负时，电极反应增快，使得电极表面的金属离子浓度 c_0 趋近于零，这时到达极限扩散状态，即电流的大小取决于金属离子从溶液主体向电极表面的扩散，即使滴汞电极电位再向负的方向移动，电流也不再增加。所以在极限扩散状态下，电流与金属离子在主体溶液中的浓度成正比：

$$i_d = Kc \tag{5-7}$$

式中　i_d——极限扩散电流；

　　　K——与实验条件有关，在底液、温度、毛细管特性以及汞压等不变的情况下，K 为一常数。

式（5-7）为极谱定量分析的基础。而对应于扩散电流一半处（图 5-4，*C* 点）的电位称为半波电位 $E_{1/2}$，其数值与被还原离子的自身性质和所处的溶液体系有关，与被还原离子的浓度无关，因此半波电位 $E_{1/2}$ 是进行极谱定性分析的基础。根据半波电位来选择合适的底液，以避免共存组分对定量测定的干扰。

在极谱电解过程中，从溶液主体向电极表面的质量传递过程除了离子的扩散运动之外，在两电极间还有离子在电场作用下的迁移运动。由迁移运动所贡献的这部分电流称为迁移电流 i_m。迁移电流干扰极谱的定量测定，因此在实验中采用加入高浓度支持电解质的方法予以消除。常用的支持电解质有 KCl、KNO_3、HCl、H_2SO_4、NH_4Cl、Na_2SO_4 或 HOAc-NaOAc 等，它们在很宽的电位范围内不会发生电极反应，支持电解质的浓度为待测组分的 50~100 倍。

由于经典极谱法的检测灵敏度不够高，一般只能测定浓度在 10^{-5}mol/L 以上的组分，而且根据半波电位进行定性鉴定的实用意义不大。因此，发展了一系列其他的伏安分析法，如线性扫描伏安法、微分脉冲伏安法、溶出伏安法等。

思考题

1. 电位分析法中常用的指示电极和参比电极有哪些类型？
2. 直接电位法和电位滴定法各有什么优缺点？
3. 库仑分析的定量基础是什么？
4. 为什么库仑电极阵列检测器比安培电极阵列检测器具有更高的分辨率？

第六章 原子光谱分析

第一节　原子发射光谱分析

原子发射光谱法（atomic emission spectrometry）是一种重要的光学分析方法。它是根据原子外层电子能级跃迁而辐射的特征光谱来研究结构和测定物质化学成分的分析方法。当对某一试样进行分析时，如果外界提供足够能量（如热能或电能等），将试样蒸发分解转变为气态原子或离子，并使气态原子或离子的外层电子受激发而跃迁至较高能级的激发态，当处于激发态的原子或离子返回基态或其他较低能级时，将释放出多余能量而发射出各种不同波长的光辐射。这些光辐射经过色散而被记录下来，就得到原子发射光谱。由于各种元素原子的结构不同，可发射出各具自身特征的原子光谱。利用特征谱线的存在与否，可进行元素的定性分析；特征谱线的强度与试样中元素含量有关，可借以进行原子发射定量或半定量分析。

原子发射光谱分析的过程可概略地归并为激发（使待测物质发射特征光谱）、分光（将不同波长的光谱分开）、检测（记录或测量特征光谱的波长和强度）三步。对应的仪器设备分为光源、分光系统及观测系统三大部分。

光源的主要作用是对试样的蒸发和激发提供能量，是决定分析灵敏度、准确度的关键，也是原子发射光谱分析发展的重要标志，经典的光源有直流电弧、交流电弧、高压火花等，这些光源在适用于不同样品及分析要求上各有其优缺点，因此，选择合适的光源一般是进行原子发射光谱分析的首要任务；而电感耦合等离子体光源的出现，以其特有的定量分析重现性好、线性范围广、灵敏度和准确度高的特点，使原子发射光谱分析性能极大提高，伴随着新型检测技术与计算机技术的发展，这种光源已逐步取代各种经典光源。

光谱仪是观察光源的仪器，由分光系统与观测系统两部分组合而成，习惯上又称摄谱仪，其作用是将光源发出的复合光通过狭缝照射在分光元件上，随后按不同波长展开，再通过检测元件记录谱线。分光元件可以是棱镜或光栅，由此分为棱镜摄谱仪和光栅摄谱仪。

检测谱线的基本方法有两种，第一种称为看谱法，可由肉眼直接看；另一种是摄谱法，传统是用感光板记录试样的所有谱线，再经过显影、定影得到谱片，一般要将谱片放大、投影到屏幕上观察，必要时还要用到测量谱线强度的所谓测微光度计和谱线间距的比长仪等，显然这种摄谱法需要的设备和操作步骤较多，现已逐步被更为简便的光电直读检测设备取代，即谱线信息转换为电信号后，以数字化形式记录和储存，需要时调用。

随着新型固体多道光学检测器件，如电荷耦合器件（charge-couple device）的出现，它运用大规模集成电路芯片技术及计算机自动控制和数据处理功能，直接在输出端产生肉眼可见的波长-强度二维信号图谱，大大节省了感光板摄谱法需要的时间和空间，现多与 ICP 激发光源联合使用，充分发挥原子发射光谱分析的优点，成为商品化仪器的主导性产品。

原子发射光谱分析法具有选择性好、检出能力强、精密度高、分析速度快等优点，可以同时连续地测定数十种元素而无需复杂的预处理，并且对于大部分元素都有很高的灵敏度，所需试样量也很少，可以进行微量试样分析或无损分析，在各种无机材料（如金属、合金、矿物、化学制品等）的定性、定量分析方面，发挥着重要作用。

一、基本原理

一般情况下，原子的核外电子在能量最低的基态运动，在外界热能或电能激发条件下，原子获得能量后，试样蒸发且原子化，产生的气态原子或离子的外层电子从基态跃迁到更高能级的激发态，激发态原子不稳定，其外层电子在小于 10^{-8}s 范围内跃迁至基态或其他较低能级上，此时原子将多余的能量以一定波长的电磁波形式辐射出去，产生共振发射线（简称共振相），即为原子发射光谱。谱线的波长取决于跃迁前后能级差，即：

$$\Delta E = E_2 - E_1 = hv = hc/\lambda \tag{6-1}$$

式中 ΔE ——高能级 E_2 和低能级 E_1 间的能量差；

v，λ ——频率和波长；

h——普朗克常数，6.626×10^{-34}J · s；

c——光在真空中的速度，2.997×10^{10}cm/s。

电子由激发态直接回到基态时所辐射的谱线称为共振线。从第一激发态（能级最低的激发态）返回到基态时产生的谱线称为第一共振线，也称主共振线，通常是该元素光谱中最强的线，也是波长最长的线，在进行光谱定性分析时将其作为最灵敏线，在低含量元素的定性分析时作为分析线。当元素的含量逐渐减小以至趋近于零时所能观察到的最持久的线（最后线）常是第一共振线。

离子被激发后，其外层电子也可以发生跃迁而产生发射光谱，称为离子线。在原子谱线表中，用罗马数字Ⅰ表示原子线，Ⅱ表示一次电离的离子线，Ⅲ表示二次电离的离子线。

不同元素的原子将产生一系列不同特征波长的特征光谱线，这些谱线按一定的顺序排列，并保持一定的强度比例。原子发射光谱就是利用这些谱线出现的波长及其强度进行元素的定性和定量分析的。原子发射光谱过去一直是采用火焰、电弧和电火花使试样原子化并激发，这些方法至今在分析金属元素中仍有重要的应用。然而，随着等离子体光源的问世，其中特别是电感耦合等离子体光源，它们现已成为应用广泛的重要激发光源。

发射光谱分析过程分为三步，即激发、分光和检测。

第一步是利用激发光源使试样蒸发出来，然后离解成原子，或进一步电离成离子，最后使原子或离子得到激发，发射辐射。

第二步是利用光谱仪把光源所发出的光按波长展开，获得光谱。

第三步是利用检测系统记录光谱，测量谱线波长、强度，并进行运算，最后得到试样中元素的含量。

二、分析方法

原子发射光谱法有定性分析、半定量分析和定量分析三种。

1. 光谱定性分析

对于不同元素的原子，由于它们的结构不同，其能级不同，因此发射的谱线的波长也不同，可以根据元素原子发出的特征谱线的波长来确认某一元素的存在，这就是光谱定性分析。定性分析方法有标准样品光谱比较法、铁谱比较法、波长测定法三种，其中最常用的是铁谱比较法。

（1）标准样品光谱比较法　为了确定某几种元素是否存在于待测样品中，可采用标准样品光谱比较法。即将待测元素的纯物质或化合物与试样并列摄于同一块感光板上，通过映谱仪将谱线放大20倍后进行对比，如果试样的谱线与标准样品的谱线出现在同一波长位置，说明试样中含有这种元素。该方法用于鉴定少数几种元素时较为方便，但不适于样品的全分析。

（2）铁谱比较法　铁的光谱线比较多，在210～660nm的波长范围内有4000多条谱线，而且每一条谱线波长均经过精确的测量，因此铁光谱可以作为波长标尺来使用。

以铁光谱为基础，制成元素标准光谱图。标准光谱图中摄有铁光谱，在铁光谱上方标有其他元素的谱线位置、波长、谱线性质（原子线或离子线）以及谱线强度的级别。一般谱线强度分为10级，级数越大，谱线强度越强。

定性分析时，将试样与纯铁并列摄谱，得到的光谱图在映谱仪上放大20倍后，与标准光谱图相比较，使谱线上的铁谱与标准光谱图的铁谱谱线相重合，然后检查试样中的元素谱线。如果试样光谱中某一条谱线与标准谱上的某元素的谱线相重合，则说明这种元素有可能存在。如果该元素的其他几条灵敏线也存在的话，可确认这种元素存在。

铁谱比较法是目前应用最广泛的定性分析方法，用于试样的全分析较为方便。

（3）波长测定法　当试样的光谱中有些谱线在元素标准谱图上并没有标出时，无法利用铁谱比较法来进行定性分析，此时可采用波长测定法。如果待测元素的谱线（λ_x）处于铁谱中两条已知波长的谱线（λ_1、λ_2）之间，且这些谱线的波长又很接近，则可认为谱线之间距离（l）与波长差成正比，即：

$$\frac{\lambda_2-\lambda_1}{l_1}=\frac{\lambda_x-\lambda_1}{l_2} \tag{6-2}$$

$$\lambda_x=\lambda_1+\frac{(\lambda_2-\lambda_1)l_2}{l_1} \tag{6-3}$$

利用比长仪测定l_1、l_2，则可求得λ_x，根据计算出来的波长，通过谱线波长来确定该元素的种类。

2. 光谱半定量分析

光谱半定量分析方法可用于粗略估计试样中元素的大概含量，其误差范围可允许在30%～200%之间。常用的半定量分析方法有谱线强度比较法、谱线呈现法和均称线对法等。

（1）谱线强度比较法　待测元素的含量越多，则谱线的黑度越强。采用谱线强度比较法进行半定量分析时，将待测试样与被测元素的标准系列在相同条件下并列摄谱，在映谱仪上用目视法比较待测试样与标准样品的分析线的黑度，黑度相同时含量也相等，据此可估算待测物质的含量。该方法只有在标准样品与试样组成相似时，才能获得较准确的结果。

（2）谱线呈现法　当试样中某种元素的含量逐渐增加时，谱线强度随之增加，当含量增加到一定程度时，一些弱线也相继出现。因此，可以将一系列已知含量的标准样品摄谱，确定某些谱线刚出现时所对应的浓度，制成谱线呈现表，据此来确定试样中元素的含量。该方法不需要采用标准物质，测定速度快，但方法受试样组成变化的影响较大。

（3）均称线对法　对试样进行摄谱，得到的光谱中既有基体元素的谱线，也有待测元素的谱线，基体元素为主要成分，其谱线强度变化很小，而对于待测元素的某一谱线而言，元素含量不同，谱线强度也不同，在此谱线旁边可以找到强度与它相等或接近的基体元素谱线。将这些谱线组成线对，就可以作为确定这个元素含量的标志。

3. 光谱定量分析

光谱定量分析就是根据样品中被测元素的谱线强度来确定该元素的准确含量。

（1）光谱定量分析的基本关系式　元素的谱线强度与元素含量的关系是以被测元素的谱线强度来确定该元素的准确含量。各种元素的特征谱线强度与其浓度之间，在一定的条件下都存在确定关系，这种关系可用下式表示，即：

$$I = \mathrm{a}c^{\mathrm{b}} \tag{6-4}$$

式中　I——谱线强度；

c——被测元素浓度；

a，b——与实验条件有关的常数。

若对式（6-4）取对数，则得：

$$\lg I = \mathrm{b}\lg c + \lg \mathrm{a} \tag{6-5}$$

式（6-5）即为光谱定量分析的基本关系式。以 $\lg I$ 对 $\lg c$ 作图，在一定的浓度范围内为直线。

（2）内标法光谱定量分析原理　在光谱定量分析基本关系式中，只有在固定的条件下，系数 a、b 才是常数，而在实际工作中，试样的组成、光源的工作条件等很难严格控制恒定不变，因此根据谱线强度的绝对值来进行定量分析很难获得准确的结果。实际分析中常采用内标法来消除工作条件变化对测定结果的影响。

内标法是在被测元素的谱线中选择一条谱线作为分析线，再选择其他元素的一条谱线作为内标线，两条线组成分析线对。提供内标线的元素称为内标元素，内标元素可以是试样的基体元素，也可以是另外加入的一定量的其他元素，内标元素应满足以下要求。

①外加的内标元素必须是样品中没有的或含量极微的元素；

②内标元素与待测元素的挥发性质必须十分相近；

③分析线和内标线的激发电位必须十分相近；

④分析线对的两条谱线波长之差应较小。

内标法的原理如下：设被测元素和内标元素含量分别为 c 和 c_0，分析线和内标线强度分别为 I 和 I_0，根据光谱定量分析基本关系式可得

$$\lg I = \mathrm{b}\lg c + \lg \mathrm{a} \tag{6-6}$$

$$\lg I_0 = \mathrm{b}\lg c_0 + \lg \mathrm{a}_0 \tag{6-7}$$

因内标元素的含量是固定的，两式相减得：

$$\lg R = \mathrm{b}\lg c + \lg \mathrm{a}' \tag{6-8}$$

式中　R——分析线对的相对强度，$R=\dfrac{I}{I_0}$；

a'——新的常数，$\mathrm{a}'=\dfrac{\mathrm{a}}{\mathrm{a}_0 c_0^{\mathrm{b}}}$。

式（6-8）是内标法定量关系式，用标准样品系列摄谱，可绘制 $\lg R - \lg c$ 标准曲线。在分析时，测定试样中分析线对的相对强度，即可由标准曲线查得分析元素含量。

（3）光谱定量分析方法

①标准曲线法：标准曲线法是光谱定量分析中常用的一种方法。配制 3 个或 3 个以上不同浓度的待测元素的标准试样，在一定条件摄谱，测定分析线对的强度比，绘制 $\lg R - \lg c$ 标准曲线。在相同条件下，将待测试样摄在同一感光板上，测定 $\lg R$ 值，可从标准曲线上求得待测元素的浓度 c_x。

标准曲线法中，将标准试样和待测试样摄于同一感光板上，避免了分析过程中的误差，准确度较高，但由于制作标准曲线时所花时间较长，因而不适于快速分析。

②标准加入法：在找不到合适的基体配制标准样品，而且待测元素浓度较低时，可采用标准加入法。假设试样中待测元素浓度为 c_x，取几份样品溶液，分别加入不同浓度（c_i）的待测元素，在相同条件下激发，获得光谱。用分析线对的相对强度 R 对 c_i 作图，可得一直线，将直线外推，与横轴交点处对应的浓度的绝对值即为试样中待测元素的浓度 c_x。

标准加入法较为简单，适用于小批量、低浓度试样的分析，使用该方法时，加入已知含量被测元素的试样不能少于 3 个，且加入的含量范围应与测定元素的含量在同一数量级。

第二节　原子吸收光谱分析

一、基本原理

原子吸收光谱法（atomic absorption apectrometry）是基于以下工作原理：由待测元素空心阴极灯发射出一定强度和一定波长的特征谱线的光，当它通过含有待测元素基态原子的蒸气时，其中一部分被吸收，而未被吸收的光经单色器分光后，照射到光电检测器上得以检测，根据该特征谱线被吸收的程度，测得试样中待测元素的含量。

试样中待测元素转化为基态原子的方法，若是利用火焰的热能，称为火焰原子吸收光谱法，是最常用的原子化方法，其中空气-乙炔火焰可用于常见的 30 多种元素的分析。另外还有非火焰原子化方法，主要是电加热形式的石墨炉原子吸收光谱法，以及氢化物原子吸收光谱法和冷原子吸收光谱法。

由于原子吸收光谱分析是测量峰值吸收，因此需要能发射出共振线的锐线光作光源，待测元素的空心阴极灯能满足这一要求。例如，测定试液中的镁时，可用镁元素空心阴极灯作光源，这种灯能发射出镁元素若干特征谱线的锐线光（通常选用其中的 Mg 285. 21nm 共振线）。特征谱线被吸收的程度，可用朗伯-比耳定律表示：

$$A = \lg \frac{I_0}{I} = abN_0 \tag{6-9}$$

式中 A——吸光度；

a——吸光系数；

b——吸收层厚度，在实验中为一定值；

N_0——待测元素的基态原子数。

由于在实验条件下待测元素原子蒸气中基态原子的分布占绝对优势，因此，可用N_0代表在吸收层中的原子总数。当试液原子化效率一定时，待测元素在吸收层中的原子总数与试液中待测元素的浓度 c 成正比，因此式（6-9）可写作：

$$A = K'c \tag{6-10}$$

式中 K' 在一定实验条件下是一常数。因此吸光度与浓度成正比，可借此进行定量分析。

原子吸收光谱分析法具有快速、灵敏、准确、选择性好、干扰少和操作简便等优点，目前已得到广泛应用，可对 70 多种元素进行分析。不足之处是测定不同元素时，需要更换相应元素的空心阴极灯，给试样中多元素的同时测定带来不便。

二、分析方法

常用的定量分析方法有标准曲线法、标准加入法、稀释法和内标法。

1. 标准曲线法

标准曲线法是最常见的基本分析方法，其关键是绘制一条标准曲线。配制一组合适的标准溶液，在最佳测定条件下，由低浓度到高浓度依次测定它们的吸光度 A，以吸光度 A 对浓度 c 作图，得到标准曲线。

测定样品时的操作条件与绘制标准曲线时相同，测出未知样品的吸光度，从 A-c 曲线上用内插法求出被测元素的浓度。在测定样品时应随时对标准曲线进行校正，以减少喷雾效率变化与温度变化对测定的影响。

2. 标准加入法

当无法配制与试样组成匹配的标准样品时，使用标准加入法进行分析是合适的。这种方法的操作，是取相同体积的试样溶液两份分别移入容量瓶 A 和 B 中，另取一定量的标准溶液加入 B 中，然后将两份溶液稀释到刻度，分别测出 A、B 溶液的吸光度。根据吸收定律计算。

设 A_x 和 c_x 为试样溶液（A 瓶）定容后的吸光度和浓度；c_0 为加入标准溶液定容后的浓度；A_0 为 B 瓶中溶液的吸光度。

$$A_x = K'c_x \tag{6-11}$$

$$A_0 = K'(c_0 + c_x) \tag{6-12}$$

将以上两式整理得：

$$c_x = \frac{A_x}{A_0 - A_x} \tag{6-13}$$

实际应用中不采用计算法，而是用作图法求得样品溶液浓度。分取几份等量的待测试液，其中一份不加被测元素，其余分别加入 C_1，C_2，C_3，…，C_n 的被测元素，然后稀释至相同体积，分别测定溶液 c_x，c_x+c_0，c_x+2c_0，…，c_x+nc_0 的吸光度为 A_x，A_1，A_2，…，A_n。绘制吸光度 A 对被测元素加入量 c_i 的曲线。

如果待测试液不含被测元素，在正确校正背景后，曲线应通过原点。如果不通过原点，说明含有被测元素，其纵轴上截距 A_x 为只含试样 c_x 的吸光度，延长直线与横坐标轴相交于 c_x，交点至原点的距离所对应的浓度 c_x 即为所求试样中待测元素的含量。

3. 稀释法

稀释法实质上是标准加入法的另一种形式。设体积为 V_1 的待测元素标准溶液的浓度为 c_1，测得的吸光度为 A_1，然后往该溶液中加入浓度为 c_2 的样品溶液 V_2，测得混合液的吸光度为 A_2，c_2 为

$$c_2 = c_1 \cdot \frac{A_2(V_1 + V_2) - A_1 V_1}{A_1 V_2} \tag{6-14}$$

若两次测量都很准确，则这一方法是快速易行的。因为无需单独测定样品溶液，此方法需用样品溶液的体积比标准加入法少。对于高含量样品溶液，也无需事先稀释，直接加入即可进行测定，简化了操作手续。

4. 内标法

内标法是在标准试样和被测试样中，分别加入内标元素，测定分析线和内标线的吸光度比，并以吸光度比与被测元素含量或浓度绘制工作曲线。内标法的关键是选择内标元素，要求内标元素与被测元素在试样基体内及在原子化过程中具有相似的物理和化学性质。

内标法仅适用于双道及多道仪器，单道仪器上不能用。其优点是能消除物理干扰，还能消除实验条件波动引起的误差。

思考题

1. 原子发射光谱是什么？如何产生的？
2. 原子发射光谱法根据什么原理进行定性和定量分析？
3. 光谱半定量分析的基本原理是什么？
4. 原子发射光谱法和原子吸收光谱法有何异同？
5. 常用的原子吸收光谱定量分析方法有哪些？各有何优缺点？

第七章

色谱分析

第一节　气相色谱分析

一、基本概念和术语

气相色谱分为气/固和气/液两种类型，气/固色谱实际上是一种吸附色谱，其固定相是各类具有吸附性能的固体物质。而气/液色谱则是一种分配色谱，其固定相是由特定的液体黏附在一些固体基质上组成的。但不论是气/液还是气/固色谱，两者均需在气相色谱仪器中才能实现对有机物的分离。因此，气相色谱首先要介绍气相色谱仪器。现在已有各种型号的气相色谱仪器商品，虽然各种气相色谱仪在功能、价格和操作上有所不同，但其都是由气流系统、分离系统、检测系统和数据处理系统所组成（图 7-1）。

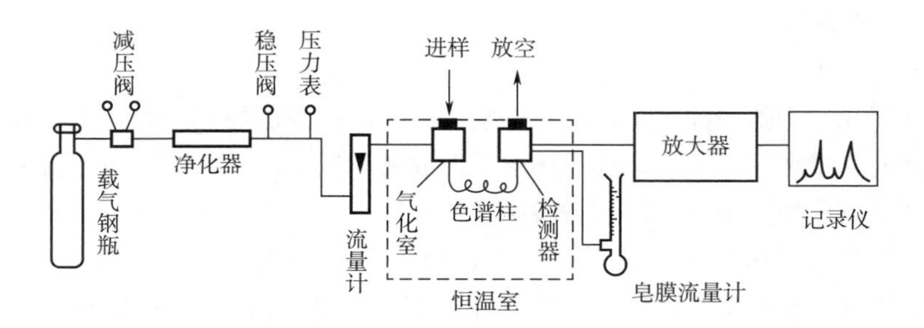

图 7-1　气相色谱仪器系统示意图

气相色谱的气流系统主要包括气源和气体纯化及调节装置。气源一部分是作为流动相的载气，载气常为氢气和氦气，有时也使用氮气和氩气等特殊气体。由于能用作流动相的载气较少，因而气相色谱在流动相的选择上很有限，这方面比液相色谱要差很多。气源的另一部分是作为后期检测所用的燃烧气体，主要是氢气和空气两种。

气相色谱的气源常用高压钢瓶提供，气源压力一般在 15MPa 左右，而气相色谱所需的气体必须在稳定低压（0.2~0.5MPa）下进行，这样气体在进入色谱分离系统前必须进行气体调节以达到稳定的低压。另外，进入分离系统的气体纯度也需保证，因而不论气源纯度如何，都应通过气体净化装置才能进入色谱分离系统。虽然根据检测器或色谱柱不同，气相色谱的气体纯度有所差异，但所有气体的纯度至少要达到99%以上，许多情况下应达99.99%。

气相色谱分离系统包括样品气化室和色谱柱两部分。气相色谱分离技术需要所测有机物样品必须在气态才能进行，因此，首先需要将液态或固态的样品加热（100~300℃）气化才能进入色谱柱进行分离。

气相色谱的关键部位是色谱柱。现在气相色谱柱有很多种，它们的原理、性能和用途都有所不同。一般的气相色谱柱是由内径为2~3mm，长1~3m的不锈钢等金属或玻璃制成，毛细管柱则可长达30m以上。色谱柱常以U型和螺旋状装在气相色谱炉中。

气化室、色谱柱和检测器是气相色谱的核心部件，它们都被安装在一个密封、可控温度的装置（色谱炉）中。气相色谱不能像常规柱层析或液相色谱那样通过改变洗脱溶剂的极性来进行梯度分离分析，但气相色谱可以通过调节色谱炉的温度，即通过恒温或程序升温的办法来达到类似于梯度洗脱的目的。

气相色谱的数据处理系统是对分离的有机物各组分进行定性定量分析，现在都是用计算机处理。数据处理系统从检测器中得到输出的信号，并进行整理和计算，最终给出各分离有机物的保留值和色谱峰面积等数据。

（一）气相色谱检测器

气相色谱的检测系统是对经色谱柱分离的各种有机物组分进行检测。目前已有30余种气相色谱检测方法，最常用的3种气相色谱检测器如下。

1. 热导检测器（thermal conduct detector，TCD）

热导检测器的原理是将含有分离有机物各组分的载气通过热导电池，由于各种有机物有不同的热导系数，使得检测器中的热平衡打破，从而引起热敏电子元件温度发生变化，产生电信号，达到对不同有机物组分的检测目的。热导检测器是一种非破坏性的浓度型检测器，它可以检测多种类型的有机组分。由于它不破坏被检测的有机物，有利于分离组分的收集或与下一级仪器的联用。

2. 氢火焰离子化检测器（fire ionization detector，FID）

氢火焰离子化检测器的原理是以氢气在空气中燃烧所生成的热量为能源，被分离的有机物组分在燃烧时生成离子，并在电场的作用下形成离子流，通过对不同离子流的检测口以确定各种有机物。氢火焰离子化检测器是破坏性检测器，但它的灵敏度很高，对绝大多数有机物，即使含量甚微也可以检测出来，而且诸如CO_2、O_2、SO_2等杂质气体不影响检测结果。因此，FID是气相色谱中最常用的一种检测器。它的灵敏度高、线性范围宽、应用范围广，尤其适合毛细管气相色谱。

3. 电子捕获检测器（electron capture detector，ECD）

电子捕获检测器的原理是用^{3}H、^{63}Ni和^{90}Sr等放射性同位素为放射源。当含有分离组分的载气进入检测器时，放射源放出β射线粒子，有机物各组分捕获电子形成带负电荷的分子离子，使得检测器中的电流（荷）减少，从而产生信号并达到检测的目的。ECD是一种选择性检测器，对负电性的有机物组分能给出极显著的响应信号，有机物组分的电负性越强，越易捕获电子，ECD产生的信号就越大。ECD也是一种非破坏性的检测器，其灵敏度是气相色谱检测器中最高的，但因其是选择性检测器，不能适应所有有机物的检测。常常将ECD和FID串联使用，利用有机物各组分在两种检测器中信号大小的差异，可以准确判断被检测的有机物各成分。

（二）重要色谱术语

保留值和色谱峰等是色谱的专业术语，不论气相色谱还是液相色谱专业术语都是一致的。现对重要的色谱术语作一简介。

1. 色谱图

有机样品进入色谱仪器后，色谱仪器将记录检测器相应信号随时间或流动相体积而分布的曲线图，即色谱柱流出的各组分通过检测器系统时所产生的响应信号对时间或流动相流出体积的曲线图，这种曲线图称作色谱图。一张标准的色谱图是以时间（t）为横坐标，浓度（信号强度）为纵坐标的（图 7-2）。

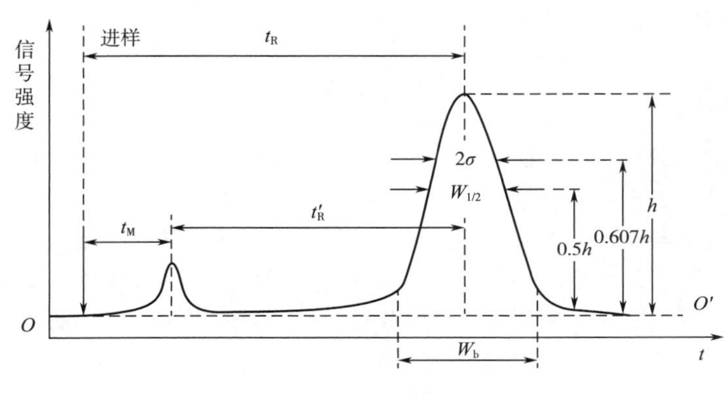

图 7-2　标准色谱图

2. 基线

当没有有机物进入色谱仪时，色谱仪记录的指示反映仪器本身噪声和流动相通过检测器时所产生的响应信号曲线，这一曲线称为基线。对于性能良好的色谱仪，其标准的基线应是一条稳定的直线。

3. 色谱峰

当有机物进入色谱仪时，色谱仪记录的信号将随检测组分的浓度而变化，绘出的色谱曲线会偏离基线而得到峰形曲线，这种色谱柱流出组分通过检测器时所产生响应信号的微分曲线称为色谱峰。标准的色谱峰应当是近似高斯正态分布的对称峰，但实际操作中产生的色谱峰会偏离正态分布形成峰前或峰后拖尾峰。

4. 峰面积

有机物组分的色谱峰曲线与基线所包围的峰与峰底基线的面积称为该组分的峰面积。色谱峰面积与其产生的组分浓度直接相关，这是一个重要的色谱数据。

5. 峰高和峰宽

色谱峰最高点至峰底的垂直距离称为峰高，即图 7-2 中的 h。沿色谱峰两侧拐点（曲线二阶导数为零的点）处所作的切线与峰底相交两点间的距离称为峰宽，即图 7-2 中的 W_b。在峰高一半处的峰宽称为半峰宽，即图 7-2 中的 $W_{1/2}$。色谱峰两拐点（0.607 峰高处）间的峰宽称为拐点峰宽，即图 7-2 中的 2σ 。

6. 保留值

有机组分在检测器中浓度达到最大值所需的时间或流动相体积，即有机组分从进样到出现峰最大值所需的时间或流动相体积称作保留时间或保留体积，两者统称保留值。现在的色谱绝大多数使用保留时间，很少使用保留体积。保留时间是色谱中除色谱峰面积外的第二个重要的数据，它与有机物组分的种类和性质显著相关，同一有机物在相同的色谱仪器和操作条件下，应有相同的保留时间。因而保留时间是利用色谱对有机物进行定性分析的参数（定量参数是峰面积）。

7. 柱效

色谱仪器中色谱柱是有机物进行有效分离的关键，色谱柱的优劣对色谱分离方法有决定性的影响。因此柱效是表示色谱分离能力的参数，它主要由柱种类、操作参数和动力学因素所决定。柱效越高，表明分离能力越大。

二、基本原理

色谱法是分离、分析多组分混合物质的一种有效的物理及物理学分析方法。它利用混合物中各组分在两相间分配系数的差异，当两相做相对移动时，各组分在两相间进行多次分配，从而获得分离。与其他分离方法，如蒸馏、结晶、沉淀、萃取法相比，色谱法具有极高的分离效率，不仅可使许多性质相近的混合物分离，还可使同分异构体获得分离。它已成为各种实验室的常规手段，是分析化学的重要分支。其分离原理是：当流动相中所含混合物经过固定相时，就会与固定相发生作用，由于各组分在性质和结构上的差异，与固定相发生作用的大小、强弱也有差异，因此，在同一推动力作用下，不同组分在固定相中的滞留时间有长有短，从而按先后不同的次序从固定相中流出。

色谱法的优点是高效能，由于色谱柱具有很高的板数，每米填充柱约为几千块板，毛细管柱可高达 $10^5 \sim 10^6$ 块/m，因此，在分离多组分的复杂混合物时，可以高效地将各个组分分离成单一色谱峰。气相色谱法另外一个优点是高选择性，它能够对同位素、空间异构体进行有效的分离。分离速度快是其又一个优点，一般分析一个试样只需几分钟或几十分钟便可完成。常用于气相色谱的检测器多达十余种，高灵敏度的检测器，如氢火焰离子化检测器，对某些物质的灵敏度可高达 $10^{-14} \sim 10^{-11}$ g。因此，气相色谱已经成为痕量物质、大气污染物以及农药残留等分析的有效手段。综上所述，由于气相色谱的诸多优点，其应用遍布生态平衡、环境保护、能源供求、材料科学以及航天事业等多个学科领域，在国民经济中发挥了重要作用。

三、分析方法

气相色谱分析法有定性分析和定量分析两种。

（一）定性分析

色谱定性分析就是要确定色谱图中每个色谱峰究竟代表什么组分。在通常的色谱仪中缺少定性的检测器，除非与质谱、红外检测器联用，依靠色谱仪强有力的分离能力，质谱、红外光谱检测器再给出每个峰的具体定性信息，最终确定各组分，但仪器联用价格很高。一般色谱仪使用的检测器，再加上色谱知识，也能给出一些定性信息。

1. 纯物质对照定性

在一定的操作条件下，各组分的保留时间是一定的。因此，对组成不太复杂的样品，若欲确定色谱图中某一未知色谱峰所代表的组分，可选择一系列与未知组分相接近的标准物质，依次进样，当某一物质与未知组分色谱峰保留值相同时，即可初步确定此未知峰所代表的组分，纯物质对照定性是气相色谱定性分析中最简单、最可靠的方法。

2. 用保留指数定性

保留指数是将正构烷烃的保留指数规定为 100*N*（*N* 代表碳数），而其他物质的保留指数，则用两个相邻正构烷烃保留指数进行标定而得到，并以均一标度来表示。某物质 A 的保留指数可由式（7-1）计算：

$$I_A = 100N + 100\frac{\lg t'_{R(A)} - \lg t'_{R(N)}}{\lg t'_{R(N+1)} - \lg t'_{R(N)}} \tag{7-1}$$

式中　I_A——被测物质的保留指数；

$\lg t'_{R(A)}$——被测物质的调整保留时间；

$\lg t'_{R(N)}$，$\lg t'_{R(N+1)}$——碳数为 N 和 $N+1$ 的正构烷烃的调整保留时间。

3. 用经验值规律定性

（1）碳数规律　在一定的柱温下，同系物保留值的对数与分子中的碳原子数呈线性关系，可表示为：

$$\lg t'_R = an + b \tag{7-2}$$

式中　n——碳原子数；

a——直线斜率；

b——截距。

（2）沸点规律　同一族具有相同碳原子数的异构体其保留值的对数与其沸点呈线性关系，可表示为：

$$\lg V_g = a_1 T_b + b_1 \tag{7-3}$$

式中　T_b——沸点；

a_1——直线斜率；

b_1——截距。

4. 与其他方法结合的定性分析方法

（1）化学方法配合进行定性分析　有些官能团的化合物与某试剂发生化学反应可从样品中去除，通过比较处理前后的两个色谱图就可确认未知组分属于哪类化合物。

（2）质谱、红外光谱等仪器联用　对于较复杂的混合物，可以依靠色谱强有力的分离能力，将其分离成单组分，再利用质谱、红外光谱进行定性鉴定。其中气相色谱和质谱的联用是目前解决复杂未知物定性问题的最有效的工具之一。

（二）定量分析

定量分析的依据是被测组分的量 W_i 与检测器的响应信号（峰面积或峰高）成正比，即：

$$W_i = f_i \cdot A_i \tag{7-4}$$

式中　f_i——定量校正因子，通常称为绝对校正因子；

A_i——组分 i 的峰面积。

1. 峰面积的测量

（1）对称峰　对称峰可近似看作一个等腰三角形，按照三角形求面积的方法，峰面积为峰高乘以半峰宽，即：

$$A = h_i \cdot W_{\frac{1}{2}(i)} \tag{7-5}$$

式中 A——峰面积；

h_i——组分 i 的峰高；

$W_{\frac{1}{2}(i)}$——组分 i 的半峰宽。

本法计算所得的峰面积只有实际峰面积的 0.94，做相对运算时没有影响。如果要求真实面积，应乘以系数 1.065。

（2）不对称峰　不对称峰的峰面积的计算方法为，取峰高 0.15 和 0.85 处的峰宽平均值乘以峰高，即

$$A_i = \frac{1}{2}(W_{0.15h} + W_{0.85h}) \cdot h \tag{7-6}$$

2. 定量校正因子

同一种物质在不同检测器上有不同的响应信号，不同物质在同一检测器上响应信号也不同。为了使检测器产生的响应信号能真实地反映出物质的量，就要引入定量校正因子对响应值进行校正。

（1）相对质量校正因子（$F_{i/s}$）　相对质量校正因子指某组分（i）与标准物质（s）绝对校正因子之比，其表达式为

$$F_{i/s} = \frac{f_i}{f_s} = \frac{\frac{m_i}{A_i}}{\frac{m_s}{A_s}} \tag{7-7}$$

式中 f_i——组分 i 的绝对校正因子；

f_s——标准物质 s 的绝对校正因子；

m_i——组分 i 的质量；

m_s——标准物质 s 的质量；

A_i，A_s——组分 i 、标准物质 s 的峰面积。

（2）相对响应值　相对响应值是指组分 i 与等量标准物质 s 的响应值之比，当计量单位相同时，它们与相对校正因子互为倒数，即

$$S_{i/s} = \frac{1}{F_{i/s}} \tag{7-8}$$

（3）相对校正因子的测量　准确称取被测组分及标准物质，最好使用色谱纯试剂，混合后，在一定色谱条件下，准确进样，分别测量响应的峰面积，用公式计算相对校正因子。

3. 定量计算方法

定量计算方法有归一化法、内标法和外标法三种。

（1）归一化法　要求样品中所有组分都出峰，且含量都在相同数量级上。计算公式如下：

$$X_i\% = \frac{F_i \cdot A_i}{\sum F_i A_i} \times 100\% \tag{7-9}$$

式中 X_i——试样中组分 i 的百分含量；

F_i——组分 i 的相对质量校正因子；

A_i——组分 i 的峰面积。

（2）内标法　适用条件：被分析组分含量很小；被分析样品中并非所有组分都出峰，只要所要求的组分出峰就可以用内标法。

对内标物的要求：加入的内标物最好是色谱纯或者是已知含量的标准物；内标物的加入量所产生的峰面积大致和被测组分的峰面积相当；内标物出峰最好在被测峰的附近。

方法：准确称取样品，将一定量的内标物加入其中，混合均匀后进样分析。根据样品、内标物的质量及在色谱图上产生的峰面积，计算组分含量。其计算公式如下：

$$X_i\% = \frac{F_{i/s} \cdot A_i \cdot m_s}{m_{样} A_s} \times 100\% \tag{7-10}$$

式中　X_i——试样中组分 i 的百分含量；

m_s——内标物的质量；

A_s——内标物峰面积；

$m_{样}$——试样质量；

A_i——组分 i 的峰面积；

$F_{i/s}$——相对质量校正因子。

（3）外标法　实际上，外标法是常用的标准曲线法。

用待测组分的纯物质配成不同浓度的标准样品进行色谱分析，获得各种浓度下对应的峰面积，作出峰面积与浓度的标准曲线。分析时，在相同色谱条件下，进同样体积分析样品，根据所得的峰面积，从标准曲线上查出待测组分的浓度。

第二节　高效液相色谱分析

一、基本原理

色谱法的分离原理是：溶于流动相中的各组分经过固定相时，由于与固定相发生作用（吸附、分配、离子吸引、排阻、亲和）的大小、强弱不同，在固定相中滞留时间不同，从而先后从固定相中流出，又称为色层法、层析法。

液相色谱法开始阶段是用大直径的玻璃管柱在室温和常压下用液位差输送流动相，称为经典液相色谱法，此方法柱效低、时间长（常要几个小时）。高效液相色谱法是在经典液相色谱法的基础上，于 20 世纪 60 年代后期引入了气相色谱理论而迅速发展起来的。它与经典液相色谱法的区别是填料颗粒小而均匀，小颗粒具有高柱效，但会引起高阻力，需用高压输送流动相，故又称高压液相色谱法（high pressure liquid chromatography，HPLC）。

二、分析方法

一般情况下，我们把液相色谱法按分离机制的不同分为液固吸附色谱法、液液分配色谱法（正相与反相）、离子交换色谱法、离子对色谱法及分子排阻色谱法。

1. 液固吸附色谱法

液固吸附色谱法使用固体吸附剂，被分离组分在色谱柱上的分离原理是根据固定相对组分吸附力大小的不同而进行分离的。分离过程是一个吸附-解吸的平衡过程。常用的吸附剂为硅胶或氧化铝，粒度为5~10μm，适用于分离相对分子质量为200~1000的组分，大多数用于非离子型化合物，离子型化合物易产生拖尾，常用于分离同分异构体。

2. 液液分配色谱法

液液分配色谱法使用将特定的液态物质涂于担体表面，或化学键合于担体表面而形成的固定相，分离原理是根据被分离的组分在流动相和固定相中溶解度不同而进行分离的。分离过程是一个分配平衡过程。

涂布式固定相应具有良好的惰性；流动相必须预先用固定相饱和，以减少固定相从担体表面流失；温度的变化和不同批号流动相的区别常引起柱子的变化；另外在流动相中存在的固定相也使样品的分离和收集复杂化。由于涂布式固定相很难避免固定液流失，现在已很少采用。现在多采用的是化学键合固定相，如C18、C8、氨基柱、氰基柱和苯基柱。

液液分配色谱法按固定相和流动相的极性不同可分为正相色谱法和反相色谱法。

（1）正相色谱法　正相色谱法采用极性固定相（如聚乙二醇、氨基与腈基键合相）；流动相为相对非极性的疏水性溶剂（烷烃类如正己烷、环己烷），常加入乙醇、异丙醇、四氢呋喃、三氯甲烷等以调节组分的保留时间。正相色谱法常用于分离中等极性和极性较强的化合物（如酚类、胺类、羰基类及氨基酸类等）。

（2）反相色谱法　反相色谱法一般用非极性固定相（如C18、C8）；流动相为水或缓冲液，常加入甲醇、乙腈、异丙醇、丙酮、四氢呋喃等与水互溶的有机溶剂以调节保留时间，适用于分离非极性和极性较弱的化合物。反相色谱法在现代液相色谱中应用最为广泛，据统计，它占整个HPLC应用的80%左右。

随着柱填料的快速发展，反相色谱法的应用范围逐渐扩大，现已应用于某些无机样品或易离解样品的分析。为控制样品在分析过程中的离解，常用缓冲液控制流动相的pH。但需要注意的是，C18和C8使用的pH通常为2.5~7.5，太高的pH会使硅胶溶解，太低的pH会使键合的烷基脱落。有报道称新商品柱可在pH 1.5~10内操作。

正相色谱法和反相色谱法的比较如表7-1所示。

表7-1　正相色谱法和反相色谱法的比较

项目	正相色谱法	反相色谱法
固定相极性	高~中	中~低
流动相极性	低~中	中~高
组分洗脱次序	极性小的先洗出	极性大的先洗出

从表7-1可以看出，当极性为中等时，正相色谱法与反相色谱法没有明显的界线（如氨基合固定相）。

3. 离子交换色谱法

离子交换色谱法的固定相是离子交换树脂，常用苯乙烯与二乙烯交联形成的聚合物骨架，在表面末端芳环上接上羧基、磺酸基（称阳离子交换树脂）或季氨基（阴离子交换树脂）。被分离组分在色谱柱上的分离原理是树脂上可电离离子与流动相中具有相同电荷的离子及被测组分的离子进行可逆交换，根据各离子与离子交换基团具有不同的电荷吸引力而分离。

缓冲液常用作离子交换色谱的流动相。被分离组分在离子交换柱中的保留时间除跟组分离子与树脂上的离子交换基团作用强弱有关外，还受流动相的 pH 和离子强度的影响。

pH 可改变化合物的离解程度，进而影响其与固定相的作用。流动相的盐浓度大，则离子强度高，不利于样品的离解，导致样品较快流出。

离子交换色谱法主要用于分析有机酸、氨基酸、多肽及核酸。

4. 离子对色谱法

离子对色谱法又称偶离子色谱法，是液液分配色谱法的分支。它的分离原理是根据被测组分离子与离子对试剂离子形成中性的离子对化合物后，在非极性固定相中溶解度增大，从而使其分离效果改善，主要用于分析离子强度大的酸碱物质。

分析碱性物质常用的离子对试剂为烷基磺酸盐，如戊烷磺酸钠、辛烷磺酸钠等。另外，高氯酸、三氟乙酸也可与多种碱性样品形成很强的离子对。

分析酸性物质常用四丁基季铵盐，如四丁基溴化铵、四丁基铵磷酸盐。

离子对色谱法常用 C18 柱，流动相为甲醇-水或乙腈-水，水中加入 3～10mmol/L 的离子对试剂，在一定的 pH 范围内进行分离。被测组分保留时间与离子对性质、浓度、流动相组成及其 pH、离子强度有关。

5. 分子排阻色谱法

分子排阻色谱法的固定相是有一定孔径的多孔性填料，流动相是可以溶解样品的溶剂。相对分子质量小的化合物可以进入孔中，滞留时间长；相对分子质量大的化合物不能进入孔中，直接随流动相流出。它利用分子筛对相对分子质量大小不同的各组分排阻能力的差异而完成分离。常用于分离高分子化合物，如组织提取物、多肽、蛋白质、核酸等。

三、仪器结构与原理

高效液相色谱仪现在通常做成一个个单元组件，然后根据分析要求将各需要的单元组件组合起来，最基本的组件通常包括高压输液泵、进样器、色谱柱、检测器及数据处理系统五个部分。此外，还可以根据需要配置自动进样系统、流动相在线脱气系统和自动控制系统等。图 7-3 是普通的高效液相色谱仪示意图。高压泵将流动相以稳定的流速（或压力）输送

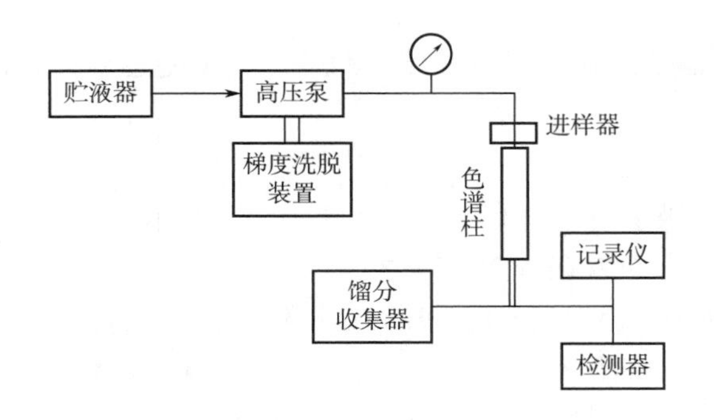

图 7-3　高效液相色谱仪示意图

至分析体系，在色谱柱之前将样品导入，流动相将样品带入色谱柱，在色谱柱中各组分被分离，并依次随流动相流至检测器，检测到的信号送到记录仪记录、处理和保存。

四、色谱柱的选择

色谱是一种分离分析手段，分离是核心，因此担负分离作用的色谱柱是色谱系统的心脏。对色谱柱的要求是柱效高，选择性好，分析速度快等。

色谱柱由柱管、压帽、卡套（密封环）、筛板（滤片）、接头、螺钉等组成。柱管多用不锈钢制成，压力不高于 7MPa 时，也可采用厚壁玻璃或石英管，管内壁要求粗糙度很小。为提高柱效，减小管壁效应，不锈钢柱内壁多经过抛光。也有人在不锈钢柱内壁涂敷氟塑料以减小内壁的粗糙度，其效果与抛光相同。还有使用熔融硅或玻璃衬里的，用于细管柱。色谱柱两端的柱接头内装有筛板，是烧结不锈钢或钛合金，孔径取决于填料粒度，目的是防止填料漏出。

色谱柱按用途可分为分析型和制备型两类，尺寸规格也不同。

（1）常规分析柱（常量柱）　内径 2～5mm（常用 4.6mm，国内有 4mm 和 5mm），柱长 10～30cm。

（2）窄径柱　又称细管径柱、半微柱，内径 1～2mm，柱长 10～20cm。

（3）毛细管柱　又称微柱，内径 0.2～0.5mm。

（4）半制备柱　内径大于 5mm。

（5）实验室制备柱　内径 20～40mm，柱长 10～30cm。

（6）生产制备柱　内径可达几十厘米。柱内径一般是根据柱长、填料粒径和折合流速来确定的，目的是避免管壁效应。

一份合格的色谱柱评价报告应给出柱的基本参数，如柱长、内径、填料的种类、粒度、色谱柱的柱效、不对称度和柱压降等。

五、流动相的选择

尽量采用非弱电解质的甲醇-水流动相。

HPLC 对流动相的基本要求如下。

1. 不与固定相发生化学反应且黏度小

（1）对样品有适宜的溶解度　要求 K（溶度积常数）在 1～10（可用范围）或 2～5（最佳范围）。K 太小，不利于分离；K 太大，可能使样品在流动相中沉淀。

（2）必须与检测器相适应　如用紫外检测器时，不能选用截止波长大于检测波长的溶剂。

2. 流动相净化

（1）脱气　通常采用不锈钢或聚四氟乙烯瓶装溶剂，用真空泵或水泵脱除溶剂中的气体。为加快除气速度，也可使用超声波发生器脱气。

脱气的目的主要是消除流动相从色谱柱到达检测器时，由气泡稀释产生的电噪声干扰。

（2）过滤　流动相在使用之前必须过滤除去微小的固体颗粒，这种微粒可磨损泵的活塞、密封圈等部件，损坏泵并降低柱效，缩短柱的寿命。

除去机械杂质最简单的办法是使用真空泵的微膜过滤。

3. 流动相比例调整

由于我国药品标准中没有规定柱的长度及填料的粒度，因此每次开检新品种时，几乎都须调整流动相（按经验，主峰一般应调至保留时间为6~15min为宜）。所以建议第一次检验时少配流动相，以免浪费。对于弱电解质的流动相，其重现性更不容易达到，请注意充分平衡柱。

4. 样品配制

（1）溶剂 在液相色谱分析中，所选用的溶剂必须是色谱纯、优级纯或分析纯，如果用含有杂质的试剂，则会出现杂峰而影响测定结果。

（2）容器 塑料容器常含有高沸点的增塑剂，可能释放到样品液中造成污染，而且还会吸附某些药物，引起分析误差。某些药物特别是碱性药物会被玻璃容器表面吸附，影响样品中药物的定量回收，因此必要时应将玻璃容器进行硅烷化处理。

六、常见问题

1. 干扰峰

在液相色谱的洗脱过程中有时会出现实际测试样品中不存在的色谱峰，此类色谱峰称为干扰峰。干扰峰对目标峰的准确判断产生极大干扰。一般来说，干扰峰产生的原因可能有3个。

（1）样品前处理不当 样品前处理不当可能会产生干扰峰，一般源于两条途径：一是所用试剂被污染；二是测试容器不干净。试剂被污染，鉴别起来比较简单，使用试剂稀释样品，如果待测样品出峰明显减小而干扰峰变化不大，则干扰峰源自试剂污染。如果洁净容器后重新检测干扰峰消失，则干扰峰源自容器的污染。

（2）流动相污染 干扰峰的产生更多是由流动相污染所致，包括水相、有机相以及添加剂的污染。水相长时间放置或是多次使用没有更换，易滋生细菌等微生物而污染，甚至会溶解空气中悬浮的颗粒和有机物，引入新的污染物。有机相和添加剂如果纯度不够含有杂质，每次补充流动相时以直接补给的方式，没有对贮液瓶进行清洗更换，富集的污染物就会进入仪器流路中产生干扰峰。

上述问题可通过更换流动相解决，即使用干净灭菌的贮液瓶逐一将水相、有机相和添加剂进行更换，消除污染源。

（3）测试过程中的样品残留 测试样品的残留也会产生干扰峰。残留物通常来源于三个方面：进样口端污染、测试样品浓度过载残留以及色谱柱和仪器管路中污染物的富集。

在不改变测试条件情况下，如果干扰峰每次有规律地出现在色谱图的相同位置，则污染很可能来自于自动进样器端。这时可将自动进样针和针座拆下，分别用甲醇、丙酮和环己烷进行超声清洗。

过载残留指样品浓度过高，仪器管道、色谱柱和流通池因过载致使整个流路产生样品残留。此类情况需切换六通阀，分别在“Load”和“Inject”状态下，使用与实验等比例的流动相以0.3mL/min的低流速冲洗仪器流路24h以上，将残留组分从流路中慢慢洗脱出来。

2. 保留时间漂移

保留时间是HPLC分析的重要依据。同一种物质在相同色谱条件下，如果前后两次的保留时间之差超过30s，就可认为保留时间发生了漂移，此时就无法对该物质进行准确的定性定量分析。导致保留时间漂移的因素包括：流动相混入空气、系统压力不稳定、色谱柱的性质变化以及环境温度不稳定等。

（1）流动相混入空气　仪器流路中连续混入气泡，样品的保留时间会发生无规律的变化。混入气泡的原因可能有两个，一是在线脱气机脱气不完全，流动相中仍存有大量的空气。这种情况可预先将流动相进行超声脱气处理，然后再装入储液瓶中待用。二是由于水相和有机相的物理化学性质存在差异，两者在相互混合时，增加了空气在两种流动相中的溶解度。对于这种情况的等度洗脱实验，可提前将流动相按所需比例配制好，然后超声脱气待用。

（2）系统压力不稳定　系统压力不稳定直接影响了物质的出峰时间。其中，样品与流动相相容性差、流动相混合器故障、单向阀故障、泵密封垫损坏、仪器管路接口松动及损坏是造成系统压力不稳定的常见因素。

在选择待测组分的溶剂时首先要考虑流动相与样品的相溶性，如没有特殊原因，一般选择流动相作为待测组分的溶剂，以降低由于待测样品在流动相中溶解性差引入的空气量。

单向阀工作时液体呈单向流动，如果长时间使用缓冲盐作为流动相，少量没被洗脱的缓冲盐结晶会阻塞单向阀的阀门，降低阀的流通性，导致流路流速改变，甚至还会发生单向阀漏液，进而造成系统压力不稳。上述情况可通过取出入口和出口单向阀的阀芯，依次在水、甲醇中超声清洗 15min 以上解决。如果单向阀的白色滤头颜色加深变黑，需更换滤芯。

仪器管路液体泄漏是导致系统压力不稳定的最常见情况。漏液严重时，仪器自身会发出系统压力过低的警报。轻微泄漏则可用干燥的餐巾纸擦拭管路外部，观察纸巾是否被渗入液体进行判断。泄漏可能由管路松动或管路损坏引起，对于前者，重新拧紧即可；后者则要更换管路。

3. 峰前延和峰拖尾

液相色谱图中不对称的峰形分为前延峰和拖尾峰，两种峰可用不对称因子（asymmetry factor，A）和拖尾因子（tail factor，T）两个参数进行判断（图 7-4）。当 A 或 T = 1.0 时，峰形是对称的；当 A 或 T<1.0 时，色谱峰为前延峰；当 A 或 T>1.0 时，色谱峰为拖尾峰。当色谱峰不对称程度较小时，对物质分析结果影响不大，但当色谱峰形严重不对称时，就必须采取改善措施。

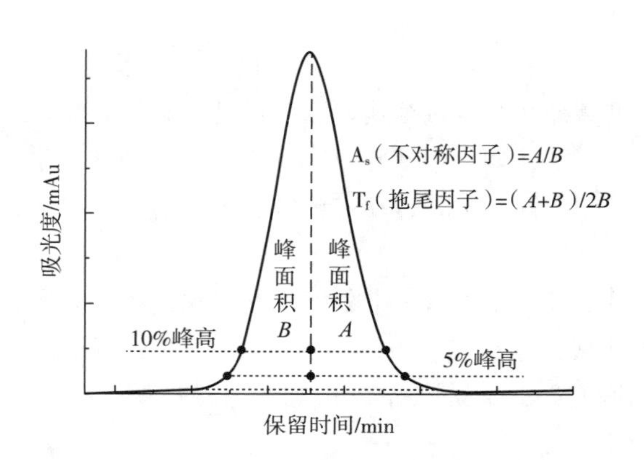

图 7-4　峰前延和峰拖尾示意图

柱性能下降、保护柱失效、进样体积过大或者浓度太高是造成峰前延的主要因素。出现峰前延时，可通过更换色谱柱、保护柱的柱芯以及降低进样量体积和浓度来改善峰形。峰拖尾的原因多数是由于柱性能下降、保护柱失效、色谱柱和保护柱被污染、流动相选择不恰当、色谱柱连接口故障、死体积过大导致。如果色谱柱和保护柱被污染，可以对柱子进行清洗或更换新的柱子。对于一些易离子化的样品，需要在流动相中添加适量的弱酸弱碱缓冲盐，以此来抑制样品的离子化，消除或减少峰拖尾现象。

4. 峰变宽

峰变宽会导致相近的两个色谱峰相互重叠，仅以一个峰出现在谱图中，不利于样品的分离检测。解决方法如下。

（1）改变流速　适当加大流速，可明显改善由流速过低引起的峰变宽现象。

（2）重新进样　系统未达到平衡就开始做测试，峰形会发生无规则的变化，可待系统平衡稳定后重新进样。

（3）更换柱子　移除色谱柱前端的保护柱，根据峰形变化来判断是保护柱还是色谱柱受到污染。如峰形有明显改善，则需更换保护柱的滤芯。反之，则需清洗或更换色谱柱。

（4）调节流动相的比例或者重新选用合适的流动相。

5. 负峰

负峰在液相色谱图中出现十分频繁，分为以下两种情况：所有峰均为负峰和出现个别负峰。

可能的原因：①色谱柱故障；②用示差折光检测器检测时，样品的折光指数小于流动相溶剂的折光指数；③使用的流动相不纯净；④进样故障；⑤用紫外检测器时，溶解样品所用的溶剂与流动相溶剂不能互溶或两溶剂 pH 不同。当溶剂流过检测池时，光在两种互不相溶的界面上产生折射，从而使光电池接受到不同强度的光，光强度减弱，以至于低于参比，也可出负峰。

排除方法：①检查、更换色谱柱；②若要得到正峰，可改变检测器或记录仪的极性；③使用纯净的流动相；④使用进样阀，确认在进样期间样品环中没有气泡；⑤应尽量采用能与流动相溶剂互溶的溶剂来溶解样品，最好用流动相作为样品溶剂。

思考题

1. 液相色谱分析中，流动相为什么要进行脱气步骤？脱气方法有哪些？
2. 常用的正相色谱柱和反相色谱柱有哪些？
3. 什么是梯度洗脱？它与气相色谱中的程序升温有何异同？
4. 气相色谱法对载体有何要求？
5. 简述氢火焰离子化检测器的工作原理。

第八章 其他仪器分析

CHAPTER 8

第一节　高分辨质谱分析

一、基本原理

早期的质谱仪主要是用来进行同位素测定和元素分析。20 世纪 40 年代以后开始用于有机物分析。20 世纪 60 年代出现气相色谱-质谱联用仪，使质谱仪的应用领域发生了巨大的变化，其技术更加成熟，应用更加方便。后来又出现了一些新的技术，如快电子轰击、电喷雾电离、大气压化学电离、液相色谱-质谱联用及质谱-质谱联用等。这些技术使得质谱仪在生命科学领域发挥了巨大的作用。目前的质谱仪从应用角度可以分为有机质谱仪、无机质谱仪、同位素质谱仪和气体分析质谱仪。其中有机质谱仪种类最多，应用最广泛，仪器数量也最大。在进行有机物分析的质谱仪中，又分为气相色谱-质谱仪（GC-MS）和液相色谱-质谱仪（LC-MS）。前者主要分析相对分子质量小，容易挥发的有机物；后者主要分析难汽化，强极性的大分子有机物。GC-MS 仪器比较成熟，使用比较普遍，数量很多。

质谱分析是通过对样品离子的质荷比（m/z）的分析来实现对样品进行定性和定量分析的一种方法。样品被汽化后，气态分子经过等离子化器（如电离），变成离子或打成碎片，所产生的离子（带电粒子）在高压电场中加速后，进入磁场，在磁场中带电粒子的运动轨迹发生偏转，然后到达收集器，产生信号，信号的强度与离子的数目成正比，质荷比不同的碎片（或离子）偏转情况不同，记录仪记录这些信号就构成质谱图。不同的分子得到的质谱图不同，通过分析质谱图可确定相对分子质量及推断化合物分子结构。图 8-1 为某种有机化合物的质谱图。

质谱图的横坐标是质荷比，纵坐标为离子强度。离子的绝对强度取决于样品量和仪器的灵敏度；离子的相对强度和样品分子结构有关。因为质量是物质的固有特征之一，不同的物质有不同的质谱，利用这一性质，可以进行定性分析。目前，进行有机分析的质谱仪的数据系统中都存有几十万到上百万个化合物的标准谱图，得到一个未知物的谱图后，可以通过计算机进行库检索，查得该质谱图对应的化合物。但是如果质谱库中没有这种化合物的质谱图或谱图有其他组分干扰，检索会给出错误的结果。因此，我们还必须根据有机物的断裂规

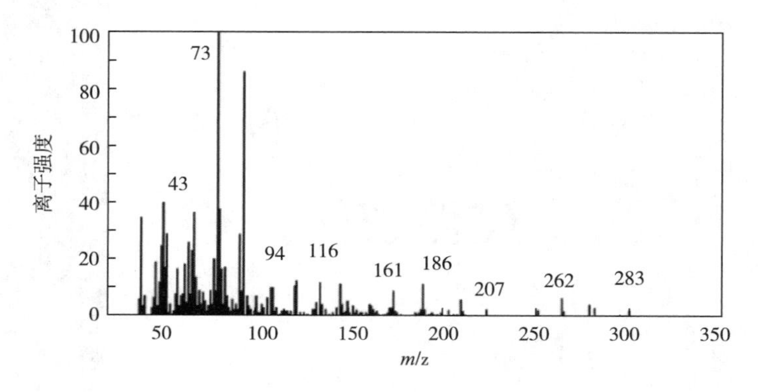

图 8-1　某种有机化合物的质谱图

律，分析不同碎片和分子、离子的关系，推测该质谱所对应的结构。

其过程可简单描述为图 8-2 的方式。

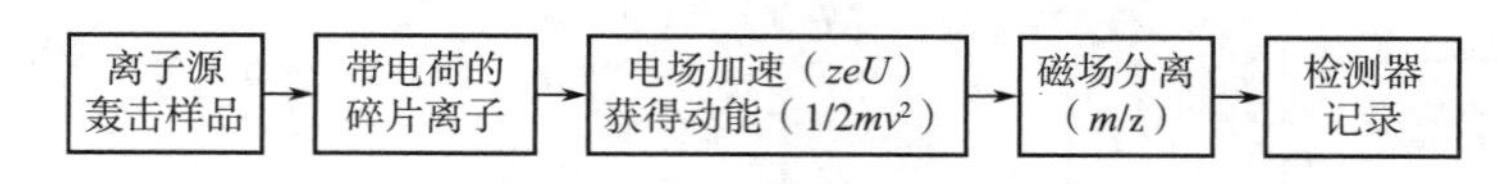

图 8-2　质谱分析过程图

z—电荷数；e—电子电荷；U—加速电压；m—碎片质量；v—电子运动速度。

用质谱法进行有机化合物定量分析通常是把质谱仪看作一种检测器，与其他分离仪器联用，利用峰面积与含量成正比的关系进行定量。

二、分析方法

现在最常用的质谱联用仪器有：气相色谱-质谱联用仪（GC-MS）、液相色谱-质谱联用仪（LC-MS）和质谱-质谱联用仪（MS-MS）。

气相色谱是很好的分离装置，但是不能够对化合物定性，质谱仪是很好的定性分析仪器，但要求样品为纯品。将色谱与质谱联合起来，就可以使分离和鉴定同时进行，对于混合物的分析是比较理想的仪器。

GC-MS 主要由三部分组成：色谱部分、质谱部分和数据处理系统。色谱部分和一般的色谱仪相同。在色谱部分，混合样品在合适的色谱条件下分离成单个组分，然后进入质谱仪进行鉴定。

GC-MS 只适用于分析可以汽化的样品，为此发展了 LC-MS。

色谱、电泳等分离方法与质谱分析相结合为复杂混合物的在线分离分析提供了有力的手段，GC-MS 联用技术的应用已得到充分的证明。近年来把液相色谱、毛细管电泳等高效分离手段与质谱联用已在分析强极性、低挥发性样品的混合物方面取得了进步。

如果把两台质谱仪串联起来，把第一台用作分离装置，第二台用作分析装置，这样不仅能把混合物的分离和分析集积在一个系统中完成，而且由于把电离过程和断裂过程分离开来，从而提供多种多样的扫描方式发展二维质谱分析方法来得到特定的结构信息。本法使样品的预处理减少到最低限度，而且可以抑制干扰，特别是化学噪声，从而大大提高检测极限。

串联质谱技术对于利用上述各种解吸电离技术分析难挥发、热敏感的生物分子也具有重要的意义。首先解吸电离技术一般都使用底物，因此造成强的化学噪声，用串联质谱可以避免底物分子产生的干扰，大大降低背景噪声。其次解吸电离技术一般都是软电离技术，它们的质谱主要显示分子离子峰，缺少分子断裂产生的碎片信息。如果采用串联质谱技术，可使分子离子通过与反应气体的碰撞来产生断裂，因此能提供更多的结构信息。

近年来把质谱分析过程中的电离和碰撞断裂过程分离开来的二维测定方法发展很快，主要的仪器方法有以下几种。

（1）串联质谱法（tandem MS） 常见的形式有串联（多级）四极杆质谱、四极杆和磁质谱混合式（Hybride）串联质谱和采用多个扇形磁铁的串联磁质谱。

（2）傅里叶变换质谱（FT-MS） 又称离子回旋共振谱，它利用电离生成的离子在磁场中回旋共振，通过傅里叶变换得到这些离子的质谱，这种质谱仪过去由于电离造成真空降低，与回旋共振要求高真空条件相矛盾，性能不能过关。近年来由于分离电离源技术日趋成熟，这种分析方法得到了较大发展，它的优点是很容易做到多级串联质谱分析，目前可分析分子质量范围已达5万u左右，分辨率也可达1万。

（3）整分子汽化和多光子电离技术（LEIM-MUPI） 它是在微激光解吸电离技术的发展中出现的一种新方法。该技术把解吸和电离两个环节在时间和空间上分离开来，分别用两个激光器进行解吸和电离。使用红外激光器来实现整分子汽化，使用可调谐的紫外激光器对电离过程实行宽范围的能量控制，从而得到从电离（只显示分子离子）到各种程度不同的硬电离质谱，并成功地用于生物大分子的序列分析。

第二节 核磁共振波谱分析

核磁共振（nuclear magnetic resonance）是原子核在外加磁场作用下的一种自然现象，1945年由Bloch F. 和Purcell E. M. 两位科学家首次发现，他们也因此荣获1952年的诺贝尔物理学奖。核磁共振现象的发现，得以在许多方面获得应用，几十年来发展迅速。核磁共振技术的应用也越来越完善和广泛，在化学上最有价值的应用是利用核磁共振鉴定有机物的分子结构。而且，核磁共振谱对有机物结构的鉴定比其他光谱和质谱更有效，许多情况下，根据单一的核磁共振谱就可以推断有机物的分子结构。Ernst R. R. 在传统的^{1}H谱的基础上，又推动了^{13}C和其他原子及多维核磁共振谱的发展，使核磁共振技术成为研究化学的基本和必要工具，而被授予1991年的诺贝尔化学奖。现在，核磁共振谱已成为有机物分子结构鉴定中最有用的一个工具。Lauterbur P. C. 于1973年开发出了基于核磁共振现象的成像技术（MRI），并且应用他的设备成功地绘制出了一个活体蛤蜊的内部结构图像，随着技术的完善成为了一项常规的医学检测手段，应用于疾病的治疗和诊断，并在2003年获得诺贝尔生理学或医学奖。

一、基本原理和术语

原子是由原子核和电子组成的，原子核带正电，电子带负电。原子核又是由质子和中子组成的，其中质子带正电，中子不带电。对于一个中性原子而言，带电荷的质子和电子数目一致，而且两者质量可以忽略，原子真正的质量大小是由中子决定的。对一种元素而言，质子数是恒定的，目前发现的只有 109 种元素，所以世界上所有原子的质子数都在 1~109 范围。但同一元素原子的中子数则有差异，这样同种元素就可能有几个不同质量（即中子数不同）的原子，这种同种元素的不同质量的原子称作同位素。如氢有 3 种同位素，分别为^{1}H、^{2}H（氘 D）和^{3}H（氚 T），碳和氧等许多种元素都有同位素。另外，各种元素的同位素在自然界的丰度是有很大差别的，如^{1}H 在三种同位素中占 99.98%，而^{2}H 和^{3}H 则只占到 0.02%；碳同位素中^{12}C 占 98%，而^{13}C 只占 1.11%。

原子核是带正电的粒子，若其进行自旋运动将能产生磁极矩，但并不是所有的原子核都能产生自旋，只有那些中子数和质子数均为奇数，或中子数和质子数之一为奇数的原子核才能产生自旋。如 H、^{13}C、^{15}N、^{19}F、^{31}P、…、^{119}Sn 等。这些能够自旋的原子核进行自旋运动时能产生磁极矩，这样自旋的原子核也就由于磁极矩差异而具有不同能量。磁极矩的能量差为 $\mu B = E_2 - E_1$。μ 为不同原子核的自身磁矩，B 为磁场强度。

能够产生磁极矩的自旋原子核，如果放在一个外加磁场中，必然会与外加磁场发生作用。若外加磁场的电磁波射频恰好满足 $E_2 - E_1 = h\upsilon$（h 为普朗克常量，υ 为电磁波频率），则处于 E_1 能级的原子核就能吸收外加磁场的电磁波能量而跃迁到高能量的 E_2 能级，这就产生了所谓的核磁共振效应。

能自旋的同种元素原子核若所处环境相同，那么在外加磁场的电磁波作用下都会在同一频率下发生共振，这对有机物分子的结构分析毫无价值。但事实上，大多能自旋的原子核都会受到核周围电子旋转动能的影响，原子核外层电子的旋转也会产生另外一个磁场，而电子旋转产生的磁场方向与原子核自旋产生的磁场方向相反。这样，实际上有机物分子中自旋原子核所感受外加磁场电磁波的大小与原子核外层电子旋转产生的磁场有关，外层电子旋转产生的磁场，对原子核接受外加磁场的电磁波会产生屏蔽作用。由于原子核在有机物分子中处于不同位置的原子核周围的电子状态不同，也即原子核受电子屏蔽的程度不同，因而有机物分子中处于不同位置的原子核可以在不同的外加磁场的电磁波频率处发生共振。这样就可以根据原子核发生共振的频率，推断出原子核发生共振的频率，推断出原子核在有机物分子中的位置，进而推断出有机物的分子结构。

在外层电子屏蔽条件下，自旋原子核在外加磁场作用时发生共振产生的电磁波频率称作化学位移（chemical shift），常用 δ 表示。现在的核磁共振谱主要是根据化学位移的数值来推断原子核在有机物分子中的位置而进行结构鉴定的（图 8-3）。

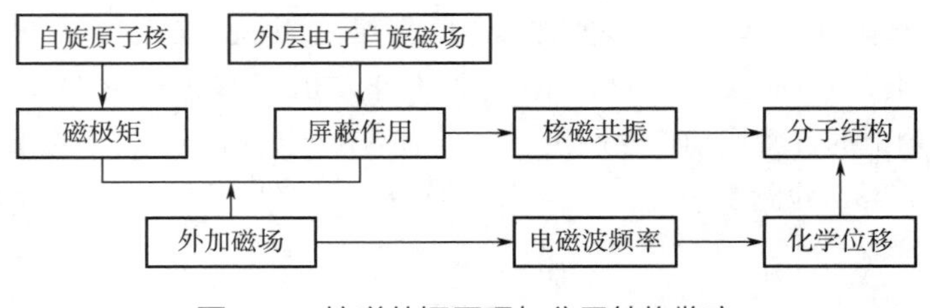

图 8-3　核磁共振原理与分子结构鉴定

核磁共振是在外加磁场的作用下发生的，因而外加磁场的强度是决定核磁共振仪器效应的一个重要参数。对于最简单的自旋原子核^{1}H，外加磁场频率需要60MHz，因而最早的核磁共振仪是60MHz的，以后又有了80MHz、90MHz和100MHz的较精密的核磁共振仪。现在由于^{13}C和其他更大自旋原子核测定的需要，200MHz、300MHz和400MHz采用液氦冷却的超导核磁共振仪也问世，更高频率的核磁共振仪也被制造出来。核磁共振仪器磁场频率越高，其精密度和测定的原子核范围也越大，当然仪器的价格也越昂贵。

核磁共振仪主要测定有机物分子中能自旋原子核的化学位移δ，自旋原子核在有机物分子中位置不同，其化学位移值也不同，即在核磁共振谱图上出峰的位置有差异。真实的化学位移δ值很小，不便标定谱图峰的位置。这样在具体测试中必须采用某一标准物质为基准，而且需要将真实的数值处理放大。现在通用的核磁共振测定采用的标准物质是四甲基硅烷（tetrmethylsilane，TMS）（图8-4）。

$$
\begin{array}{c}
CH_3 \\
| \\
H_3C - Si - CH_3 \\
| \\
CH_3
\end{array}
$$

图8-4　四甲基硅烷

四甲基硅烷分子结构中的四个甲基均匀分布，12个氢和4个碳在分子结构中的位置都一致，而且四甲基硅烷是化学和热稳定的有机物，沸点只有27℃，可以很容易从样品中除去，便于样品回收。这样，无论是^{1}H原子核，还是^{13}C原子核，其核磁共振谱测定均采用四甲基硅烷为基准物质。

现在的核磁共振谱图中的化学位移δ值均为和基准物质四甲基硅烷化学位移δ值的相对比值，并被放大100万倍。

$$
\delta = \frac{\upsilon_{样品} - \upsilon_{TMS}}{\upsilon_{TMS}} \times 10^6 \text{ 或 } \delta = \frac{B_{TMS} - B_{样品}}{B_{TMS}} \times 10^6 \qquad (8-1)
$$

式中　υ——电磁波频率；

TMS——基准物质四甲基硅烷；

B——外加磁场强度。

这样，有机物分子中绝大多数^{1}H的化学位移δ值在0~10，少数超过10或小于0为负值，而^{13}C的化学位移δ值可以达到0~600，更大自旋原子核的化学位移δ值可达到成千上万，如^{195}Pt的δ值可达13000。必须指出：化学位移δ值是一个相对比值，它是一个无单位的数值。

目前用于核磁共振测定的样品必须是液体或溶液状态，大多数情况下是在溶液条件下进行核磁共振的测定。这样，所用溶剂必须不能发生核磁共振才行。如测定^{1}H核磁共振谱，所用溶剂的分子中的所有^{1}H必须全部换成不能发生核磁共振的^{2}H（D），即需要使用氘代试剂。同样，常规的丙酮（CH_3COCH_3）、氯仿（$CHCl_3$）、苯（C_6H_6）也不能用作溶解核磁共振有机样品的溶剂，而必须换成相应的氘代试剂CD_3COCD_3、$CDCl_3$、C_6D_6。很显然，氘代试剂较昂贵，尤其是氘代数目大的试剂，这样核磁共振样品测试的费用增加，而且测试费用也取决于有机样品所用的氘代溶剂种类。如用$CDCl_3$就比CD_3COCD_3要便宜，因为前者只有一个氘代，而后者有6个氘代。核磁共振对有机样品状态及所用溶剂的要求，使其优良的性能受到限制，因而现在正在发展固体核磁共振技术，以便克服这些问题。核磁共振仪器，可以测定从最简单的^{1}H原子核到^{195}Pt这样大的原子核的核磁共振，但目前用在有机物结构鉴定的主要是^{1}H和^{13}C。有机物都是含碳氢的分子，因此，有机物的核磁共振谱，主要是核磁共振氢谱和碳谱两种。

二、核磁共振氢谱

几乎所有的有机物分子中都含有氢，而且^{1}H在自然界的丰度达99.98%，远远大于其他两个同位素^{2}H和^{3}H。这样，^{1}H核磁共振最早和最广泛地应用，在20世纪70年代以前，核磁共振几乎就是指核磁共振氢谱。

1. 化学位移和影响因素

核磁共振氢谱主要是通过测定有机物分子中氢原子的位置来推断有机物的结构。从一张有机物的核磁共振氢谱图上，我们可得到有机物分子中氢原子的种类（根据化学位移δ值）和氢原子的数量（根据峰面积）。即核磁共振氢谱图上有多少个峰，就表明有机物分子中有多少种类的氢，各个峰的面积积分比表示各种氢原子的数目的比例。图8-5是1-苯基-2,2-二甲基丙烷的核磁共振氢谱图。图上有3个峰，则表明该有机物分子中的氢有3种类型；峰面积之比为9∶5∶2，表明该化合物的3种不同氢的数目分别是9、5和2；化学位移$\delta=7.2$处的峰表示苯环上5个相同的氢，$\delta=2.5$处的峰表示亚甲基上的2个相同的氢，而$\delta=0.9$处的峰则表示3个甲基上的9个相同的氢。这样，判断出有机物分子中氢的种类和数目就可以非常容易地推断出有机物的分子结构。

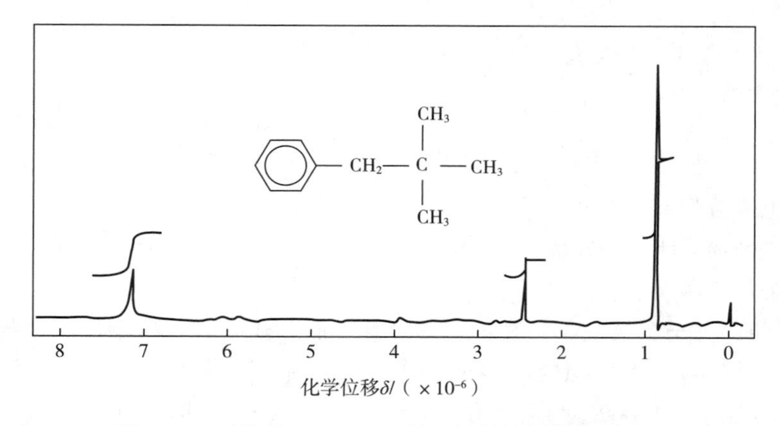

图8-5 1-苯基-2,2-二甲基丙烷的核磁共振氢谱图

^{1}H原子核的自旋磁极矩受外层电子自旋磁场的影响，这样有机物分子中氢原子周围电子的状态就决定其化学位移的数值。电子越远离^{1}H核，^{1}H核受到电子的屏蔽就越小，这样^{1}H核的化学位移δ值就越大。反之，^{1}H核受到周围电子的干扰越大，即屏蔽作用越大，则^{1}H核的化学位移δ值就越小。因而根据有机物分子中氢原子邻近取代基对电子的吸引和推斥关系，就可以知道^{1}H的化学位移δ值的大小。如甲烷上的一个氢分别被不同基团取代，则剩下3个氢的化学位移δ值大小随取代基对电子的吸斥能力而显著变化。氟吸电子能力最强，因而δ值较大，为4.26，而金属锂根本就是失去电子和甲基形成离子型化合物，因而δ值为负

值。这种取代基对电子的吸斥作用还与取代基在分子中的距离和数目相关。距离越远，影响越小，CH_3Br 分子中 Br 原子远离甲基上的氢，则 δ 值迅速减小。同样，CH_3Cl 分子中只有一个吸电子的 Cl 原子，其 δ 值为 3.05，但当甲基上有 3 个吸电子的 Cl 原子时，δ 值迅速增加到 7.24。

除了吸斥电子作用，另一个影响有机物分子中 ^1H 核化学位移 δ 值的是 π 电子的屏蔽作用，尤其是共轭体系式电子屏蔽作用。我们已经知道在含有双键或三键的不饱和有机物分子中，存在着 π 电子，这些 π 电子在外加磁场的存在下，会产生环流而导致感应磁场的发生。而且不同重键基团 π 电子产生的这种感应磁场的方向是不一样的。若感应磁场和外加磁场方向一致，则为顺磁的，内外磁场共同作用将导致该区域电子云密度增加，使得在此区域的 ^1H 核被完全屏蔽。相反，若感应磁场和外加磁场方向相反，则为反磁的，内外磁场会发生抵消作用，将导致该区域电子云密度减少，使得在该区域的 ^1H 核的屏蔽作用显著减少。前者形成的电子云密度增加区域称作屏蔽区，处于屏蔽区的 ^1H 核化学位移 δ 值会减小，而处于非屏蔽区的 ^1H 核化学位移 δ 值会增加。

根据含有重键不饱和有机物分子中 π 电子产生感应磁场的不同方向性，可以对有机物分子中特定氢原子的化学位移 δ 值进行判断，也可以判断氢原子在有机物分子中的位置。

根据上述各种影响氢核化学位移的因素和多年核磁共振测定有机物结构的经验同样总结出了不同有机基团氢核的化学位移 δ 值。根据 δ 值，可以进行相应有机基团的推断，常见的一些有机基团的氢核的化学位移 δ 值总结于表 8-1 中。

表 8-1　常见有机基团的氢核化学位移

氢核类型	示例	化学位移 δ/($\times10^{-6}$)
环丙烷	(环丙烷结构，H、H)	0.2
伯烷	RCH_3	0.9
仲烷	R_2CH_2	1.3
叔烷	R_3CH	1.5
烯丙基取代	$C{=}C{-}CH_3$	1.7
碘取代	$I{-}CH_3$	2.0~4.0
酯基取代	$H_3C{-}COOR$	2.0~2.2
羧基取代	$C_3H{-}COOH$	2.0~2.6
酰基取代	$H_3C{-}COP$	2.0~2.7
炔	$C{\equiv}C{-}H$	2.0~2.7
苯基取代	(苯环)$-CH_3$	2.2~3.0

续表

氢核类型	示例	化学位移 δ/(×10⁻⁶)
醚基取代	R—O—CH_3	3.3~4.0
溴取代	CH_3Br	2.5~4.0
氯取代	CH_3Cl	3.0~4.0
羟基取代	CH_3OH	4.0~4.3
氟取代	CH_3F	4.0~4.5
酰氧基取代	RCOO—CH_3	3.7~4.1
胺	RNH_2	1.0~5.0
醇	ROH	1.0~5.5
烯	C=C—H	4.6~5.9
苯	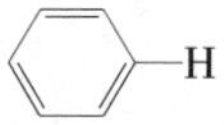 C_6H_5—H	6.0~8.5
醛	RCHO	9.0~10.0
羧酸	RCOOH	10.5~12.0
酚	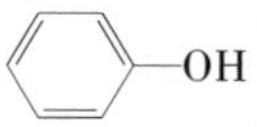 C_6H_5—OH	4.0~12.0
烯醇	C=C—OH	15.0~17.0

2. 峰的分裂

除了化学位移，核磁共振氢谱中还存在一个峰的分裂问题，这是因为在同一有机物分子中的不同氢核，若相距较远，则各自旋转没有关联，若相邻，则会发生相互作用。即所谓的自旋-自旋偶合效应，反映在核磁共振氢谱图上，则是能发生自旋偶合的氢核峰会产生分裂，从单峰变成多峰（注意：化学位移δ值不会变化，峰面积也不会变化）。

从图8-6三种有机物分子可以分析氢核的自旋-自旋偶合和峰分裂情况。

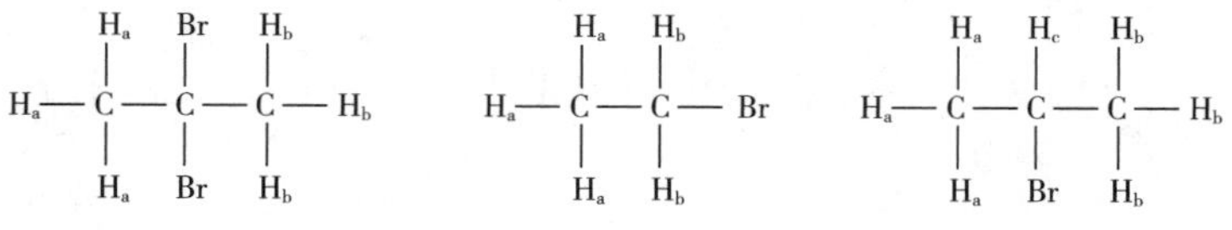

```
      Ha  Br  Hb              Ha  Hb                Ha  Hc  Hb
      |   |   |               |   |                 |   |   |
  Ha— C — C — C — Hb      Ha— C — C — Br        Ha— C — C — C — Hb
      |   |   |               |   |                 |   |   |
      Ha  Br  Hb              Ha  Hb                Ha  Br  Hb
        (1)                     (2)                   (3)
```

图8-6　三种化合物氢核的自旋-自旋偶合和峰分裂图

对于图 8-6（1），两种氢核 H_a 和 H_b 被一个不含氢原子的碳隔离，因而 H_a 和 H_b 没有关系，即两者不发生自旋-自旋偶合作用，H_a 和 H_b 的峰均为独立的两个单峰，不发生分裂。对于图 8-6（2），两种氢核 H_a 和 H_b 相邻，将发生自旋偶合作用，两种氢核在核磁共振谱上的单峰会分裂成多峰（H_a 分裂成三重峰，H_b 分裂成四重峰）。对于图 8-6（3），情况更复杂一些，氢核 H_a 和 H_b 虽然相隔不发生自旋偶合作用，但两者均和第三种氢核 H_c 相连，因而 H_a 和 H_b 均和 H_c 产生自旋偶合而分裂成双峰。氢核 H_c 不仅与 H_a 而且和 H_b 相连，因而同时与 H_a 和 H_b 发生自旋偶合作用，这样 H_c 可以由单峰分裂成七重峰。

自旋偶合形成的峰分裂数目和相邻的不同种氢核的数目相关。当一种氢核有 n 个相邻的不同氢核存在时，其核磁共振氢谱的峰分裂成 $n+1$ 个，各分裂峰间的距离称作偶合常数 J，各分裂峰的强度比等于 $(a+b)^n$ 二项式展开的各项系数 C_n^m 之比，如表 8-2 所示。

表 8-2 不同数目氢核自旋偶合形成的峰分裂数目和强度比

n	分裂峰强度比	峰分裂数目
0	1	单峰
1	1 1	双重峰
2	1 2 1	三重峰
3	1 3 3 1	四重峰
4	1 4 6 4 1	五重峰
5	1 5 10 10 5 1	六重峰
6	1 6 15 20 15 6 1	七重峰

因此，发生分裂的峰除双重峰强度相等外，其他多重峰强度均不相等，而且是中间的分裂峰强于边锋。

下面通过 3 个实例对上述核磁共振氢谱的自旋偶合分裂情况给予说明（图 8-7）。

图 8-7（1）是 2-溴丙烷的核磁共振氢谱，2-溴丙烷符合标准的 $n+1$ 规则，分子结构中有两种氢核，因而有两种峰，峰 a 是两个相同甲基的氢，因它们各相邻 1 个 H_b，而分裂成相等强度的双峰。峰 b 是与溴原子相邻的氢核，受溴原子的直接吸电子作用化学位移 δ 值大于 H_a，同时 H_b 相邻 6 个 H_a，因而分裂成七重峰。

图 8-7（2）是丙苯的核磁共振氢谱，丙苯虽不是标准的 $n+1$ 分子结构，但四种氢核自旋偶合常数差异不大，仍能按 $n+1$ 规则进行峰分裂。峰 d 是苯环氢，苯环上 5 个氢由于去屏蔽作用而有大的化学位移 δ 值。峰 a 是端甲基的氢，相邻 2 个 H_b 则分裂成三重峰。峰 b 是远离苯环的亚甲基氢，相邻 3 个 H_a 和 2 个 H_c，则分裂成六重峰。而峰 c 是与苯环连接的亚甲基氢，相邻 2 个 H_b，则分裂成三重峰（注意：苯环上的氢不与 H_c 发生自旋偶合分裂）。H_c 离苯环最近，受到苯环去屏蔽影响，δ 值最大，而甲基远离苯环的去屏蔽区，则 δ 值在正常的 0.9。

图 8-7（3）是 1-溴丙烷的核磁共振氢谱，1-溴丙烷也不是 $n+1$ 分子结构，但 3 种氢核自旋偶合常数接近，仍按 $n+1$ 规则进行峰分裂。化学位移 δ 值 1.1 的峰是端甲基氢，远离溴

原子，受其吸电子作用影响最小，δ 值最小，其相邻 2 个亚甲基氢，则分裂成三重峰。化学位移 δ 值 1.9 的峰是与端甲基相邻的亚甲基氢，δ 值略受溴原子吸电子作用的影响接近 2，相邻 3 个甲基氢，2 个与溴原子直接相连亚甲基氢，则分裂成六重峰。化学位移 δ 值 3.4 的峰是与溴原子直接相连的亚甲基氢，其 δ 值由于溴原子的吸电子作用而大大增加，相邻两个亚甲基的氢，则分裂成三重峰。

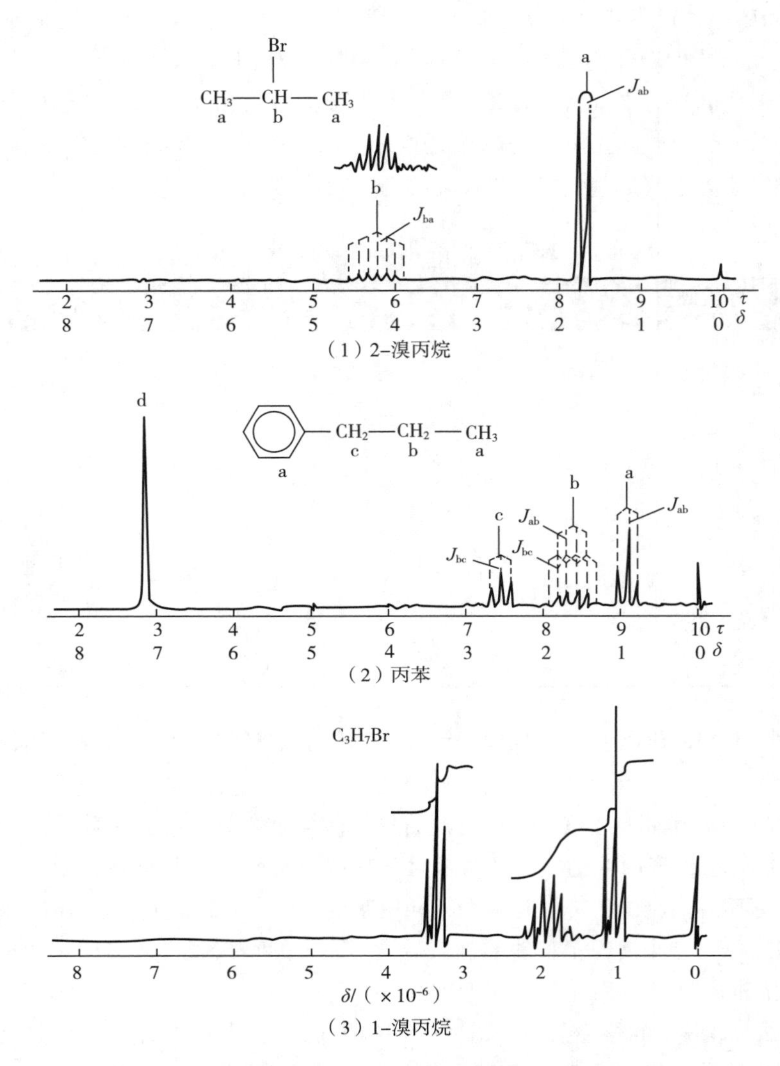

图 8-7　2-溴丙烷、丙苯、1-溴丙烷的核磁共振氢谱

J：分裂峰间距偶合常数；τ：脉冲序列参数。

三、核磁共振氢谱解析

通过对核磁共振氢谱的解析，可推断有机物分子的结构，不像红外光谱通过对有机官能团的确定只能对一些简单有机物分子的结构进行推断，核磁共振氢谱通过对有机物分子中氢原子位置的判断而能直接推断出较复杂的有机物分子结构。事实上，现在用四谱推断有机物的分子结构，都是以核磁共振谱为基础来进行的，其他的红外光谱、紫外光谱和质谱方法往往成为核磁共振谱推断有机物分子结构的辅助和修正工具。另一方面，在解析核磁共振谱图时，谱图中的每一个峰都必须找到归宿，这与红外光谱图中只解析主峰的情况有所不同。正因为如此，核磁共振谱图提供的有机物分子结构信息量多，只要每个峰都能找到归宿，所推断出的结构就很准确。

1. 氢谱解析一般方法

核磁共振氢谱图的解析，主要依据峰的化学位移数值大小、峰面积和峰的分裂 3 种情况。下面将通过对具体的核磁共振氢谱的分析来表明其在有机物分子结构鉴定中的价值。

图 8-8 是分子式为 $C_6H_6O_2$ 的有机物的核磁共振氢谱。从图中可以看出该有机物分子中只有两种不相邻的氢（两个峰均不分裂），而且氢面积的比例为 2∶1。在 δ 值 7.0 附近有强峰，表明该有机物分子中含有苯环，这样，分子式中的 6 个碳原子将全部被苯环所利用。另一个 δ 值 8.6 的峰是能形成氢键的氢核峰，因该有机物含氧原子，所以，这是羟基的峰。这样就可以推断该有机物是二酚类结构，因 δ 值 7.0 附近苯环上的氢没有分裂，表明苯上的氢是相同的，这样该有机物是对羟基苯酚。

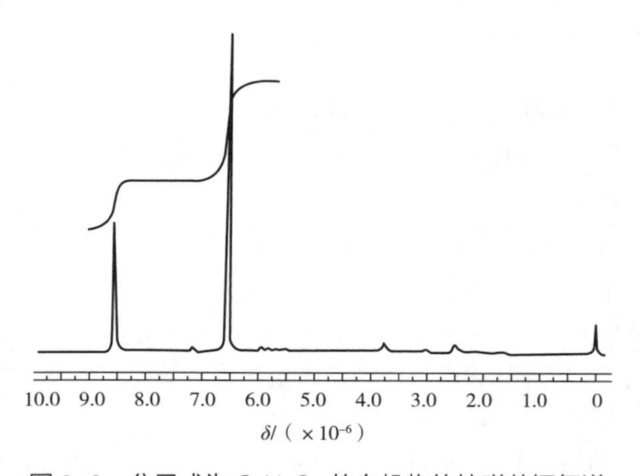

图 8-8　分子式为 $C_6H_6O_2$ 的有机物的核磁共振氢谱

顺便说明一下，核磁共振氢谱的解析，一般先看 δ 值 7.0 附近是否有峰来判断苯环及取代基位置，δ 值 8.0 以上有峰只有三种情况：酚羟基氢、醛基氢和羧基羟基氢。这样通过 δ 值 7.0 以上峰的情况可以很容易推断出苯环、酚、醛和羧酸类物质。δ 值 7.0 以下峰的数目会增加，各种峰也接近，因而需要认真判断。

2. 氢谱解析辅助技术

从以上核磁共振氢谱的具体分析中可以看出，利用单一的核磁共振氢谱能独立推断许多简单和常见的有机物分子结构。事实上即使较复杂有机物的分子结构也可以用核磁共振氢谱推断出来，这是核磁共振谱大大优于紫外光谱和红外光谱及拉曼光谱的地方。但较复杂的有机物，尤其是能发生相邻氢自旋偶合的有机物分子，由于相邻氢的分裂而且这些分裂峰的化学位移值常常又接近，这样就导致峰重叠或挤在一起而不能分辨。如图 8-9 所示是 δ -苯丙酸的核磁共振氢谱，从谱图显然很容易判断苯环和羧基的结构，但对于 3 个相邻的亚甲基 $—CH_2CH_2CH_2—$ 的各自分裂的重叠峰就难以辨别。可以想象，若是 5 个或更多的亚甲基相连的有机物分子，其核磁共振氢谱的峰是何等的难以辨别。如正己醇分子中的几个亚甲基的氢就根本不能区分。通过提高核磁共振仪器的频率等级能够改善这一情况，但解决这一问题最常见的方法是采用重氢交换、位移试剂和自旋去偶等辅助测定技术。

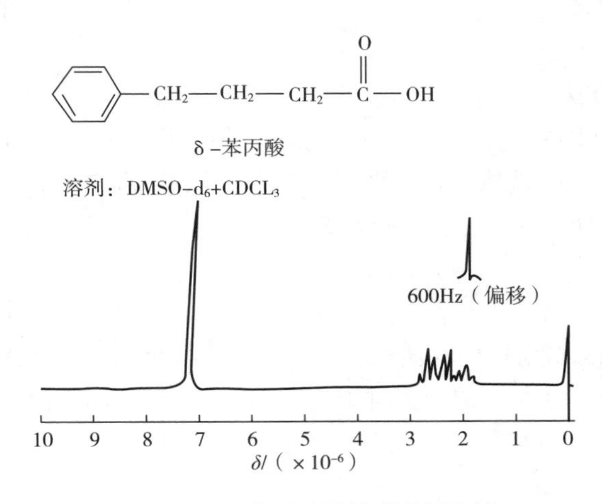

图 8-9　δ-苯丙酸的核磁共振氢谱

（1）重氢交换　重氢交换是用氘代试剂中的 D 取代含有—OH、—NH、—SH 和—COOH 等活性氢原子有机物分子中的 H，这一技术是向已测定核磁共振氢谱的有机物样品管中，加少量重水（D_2O），振摇后再测定核磁共振。若有核磁共振峰消失或减少现象，就可以推断相应的化学位移处是有—OH、—NH、—SH 或—COOH 活性氢原子的。同样，用氘氧化钠（NaOD）等试剂可以将一些有机物分子中的甲基或亚甲基上的 H 换成 D，这样就使原本能自旋偶合的相邻 H 被 D 阻隔而相互不再发生峰分裂。从而不仅确定了重氢交换处相关氢的位置，而且也为重氢交换相邻处氢的判断提供了依据。重氢交换方法非常简单易行，因此，在核磁共振氢谱的测定过程中经常被运用。

（2）位移试剂　位移试剂是一种利用特定的化学试剂使有机物核磁共振氢谱化学位移增加的技术。由于正常的核磁共振氢谱的化学位移值在 0~10 范围，化学位移的范围非常窄。假如化学位移范围被拉大，尤其是相邻重叠峰的化学位移增加，则各峰之间就可以区别分辨。

由于含有未配对电子的金属离子具有磁性，这样在有机样品中加入金属离子配合物往往会引起试样的核磁共振峰的化学位移变化，这类能引起有机物分子核磁共振峰化学位移变化的试剂就是位移试剂。常用的位移试剂是镧系元素铕（Eu）和镨（Pr）的三价正离子与 β-二酮及其衍生物形成的配合物。通常 Eu^{3+} 的位移试剂是使有机物分子中特定氢的化学位移增加，即向高 δ 值方向移动；Pr^{3+} 位移试剂则相反，是将有机物分子中特定氢的化学位移向低 δ 值方向移动。因绝大多数有机物分子中氢的化学位移 δ 值为正数，因而 Eu^{3+} 位移试剂使用比较普遍。最常见的化学试剂是 $Eu(DPM)_3$，其对不同类型有机物分子中的特定氢分子位移的影响有显著差异（表 8-3）。$Eu(DPM)_3$ 能将氨基和羟基氢的化学位移增加到 100 以上，而对其他有机基团氢的位移分别从 3 增加到 30。对硝基和卤化物、烯类和酚等酸性有机物，位移试剂将被分解而不可用。

表 8-3　　位移试剂 Eu(DMP)$_3$ 对不同类型有机物分子中氢化学位移的影响

有机物分子氢类型（H）	化学位移增加（CCl_4 为溶剂）*	有机物分子氢类型（H）	化学位移增加（CCl_4 为溶剂）*
RCH_2NH_2	约 150	$(RCH_2)_2O$	10
RCH_2OH	约 100	RCH_2CO_2R	7
RCH_2NH_2	30~40	$RCH_2CO_2CH_2R$	5~6
RCH_2OH	20~50	RCH_2CN	3~7
RCH_2CHO	11~19	硝基和卤化物、烯类	0
RCH_2COR	10~17	RCOOH 和酚	位移试剂不可用（分解）
RCH_2SOR	9~11		

注：* 每摩尔有机物样品的 CCl_4 溶液中，1mol Eu(DMP)$_3$ 所引起的位移变化。

下面以正己醇为例，分析位移试剂在核磁共振氢谱中的价值。图 8-10（1）是不加位移试剂的正己醇的核磁共振氢谱，4 个相邻的亚甲基具有差不多的化学位移，分裂的峰重叠在一起，根本不能区分。但当加入 Eu(DPM)$_3$ 位移试剂后，不仅各峰的化学位移增大，而且各峰分开，分裂的多重峰也清晰可辨，如图 8-10（2）所示。这样，就可以很容易地将正己醇分子中的各种氢都能推断出来。必须说明，位移试剂对有机样品化学位移的变化大小与其浓度成正比，浓度大，对有机样品化学位移的影响也就大，但浓度达到一定的值后，化学位移就不再变化。另外，位移试剂对有机物样品化学位移的影响与有机样品测定时所用的溶剂也相关，如 1mol Eu(DPM)$_3$ 在用 CCl_4 溶解的醚样品中能使化学位移增加 10，但同样浓度的 Eu(DPM)$_3$ 能将 $CDCl_3$ 溶解的醚样品的化学位移增加到 17~28。

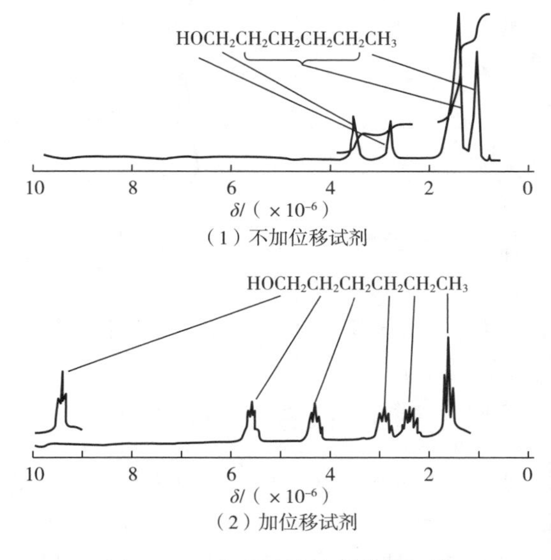

图 8-10　正己醇的核磁共振氢谱

（3）自旋去偶　自旋去偶也称双照射或双共振去偶。利用氘氧化钠（NaOD）可以将一些有机物分子中的氢置换成氘，而减少相邻氢自旋偶合效应，降低核磁共振氢谱中峰分裂状况，这是一种化学反应的方法，并不是有机物分子中所有氢原子都可以通过化学反应而实现重氢交换，因此，重氢交换反应有局限性。现在的核磁共振仪器已经能够利用物理方法对有机物分子中任何位置的氢进行双照射或双共振，以达到类似重氢交换所达到的去偶效应。核磁共振的双照射或双共振方法可以使谱图简化、清晰可辨，并提供有机物分子结构中的许多重要现象，这一方法已成为复杂有机物分子核磁共振测试中必不可少的技术。

正常的核磁共振是用单一的电磁波对有机样品进行照射，有机物分子相邻的氢核会产生自旋偶合而发生峰分裂。对于这些能发生自旋偶合的氢核，如果再同时利用第二个电磁波照射，而且照射频率刚好与自旋氢核的频率相同，这就消除了自旋氢核间的偶合效应，相邻氢核不再有偶合现象，峰不会发生分裂，这样就使谱图简单明辨。这一技术对核磁共振碳谱同样适用，而且现在的核磁共振碳谱都是经过去偶的，不再有峰分裂情况发生。

最后再说明一下，有机物的核磁共振氢谱测定一般是在常温下进行。如果降低温度，有机物分子的结构会被逐渐固定，在常温下测定的同种氢核会变成多种，而且氢核间会发生自旋偶合分裂，核磁共振氢谱会更加精细。如简单的甲醇（CH_3OH），在常温下只有两种氢核，不发生偶合分裂，但温度降低，特别是达到-40℃，则氢核发生明显的分裂（图 8-11）。利用这一动态核磁共振技术，可以对有机物分子的立体结构，包括构象进行分析。总之，核磁共振氢谱技术的充分利用可以提供充足的有机物分子结构信息，对推断有机物分子的结构具有重要价值。

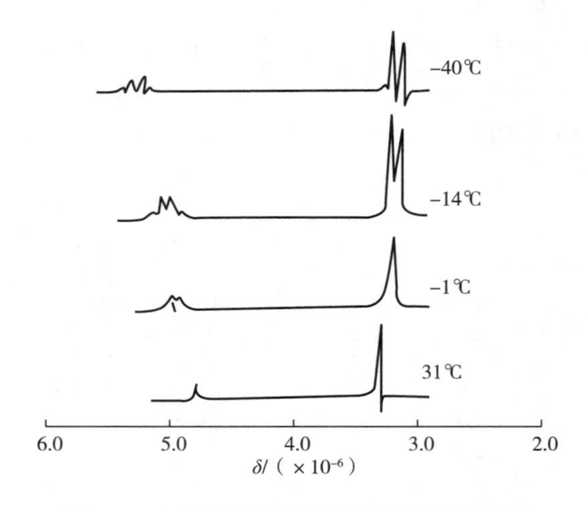

图 8-11　不同温度下甲醇的核磁共振氢谱

四、核磁共振碳谱

核磁共振氢谱是通过确定有机物分子中氢原子的位置而间接推出其结构的。事实上，所用有机物分子都是以碳为骨架构建的，如果能直接确定有机物分子中碳原子的位置，无疑是最好的办法。因此，核磁共振碳谱测定技术近 30 年来迅速发展和普及。

1. 碳谱与氢谱的比较

和核磁共振氢谱相比，核磁共振碳谱有许多优点。首先，氢谱的化学位移 δ 值很少超过 10，而碳谱的 δ 值可以超过 200，最高可达 600。这样，相对分子质量高达 400 的复杂有机物分子结构的精细变化都可以从碳谱上分辨。如图 8-12 所示是一个结构较复杂的甾类分子的核磁共振谱，其氢谱各峰重叠，根本无法分辨［图 8-12（1）］。而碳谱则有清晰可见的谱线，非常容易分析［图 8-12（2）］。其次，碳谱直接反映有机物碳的结构信息，对常见的 $>C=O$，$>C=C=C<$，$—N=C=O$，$—N=C=S$ 等有机物官能团可以直接进行解析。最后，利用核磁共振辅助技术，可以从碳谱上直接区分碳原子的级数（伯、仲、叔和季）。这样不仅可以知道有机物分子结构中碳的位置，而且还能确定该位置碳原子被取代的状况。当然，核磁共振碳谱也有许多缺点，主要是 ^{13}C 同位原子核在自然界中的丰度低，而且 ^{13}C 的磁极矩也只有 ^{1}H 的四分之一。这样，碳谱测定不仅需要高灵敏度的核磁共振仪器，而且所测的有机物样品量也增加。另外，测定核磁共振碳谱的技术和费用也都高于氢谱。因此，往往是先测定有机物样品的氢谱，若难以得到准确的结构信息再测定碳谱，一个有机物同时测定了氢谱和碳谱一般就可以推断其结构。

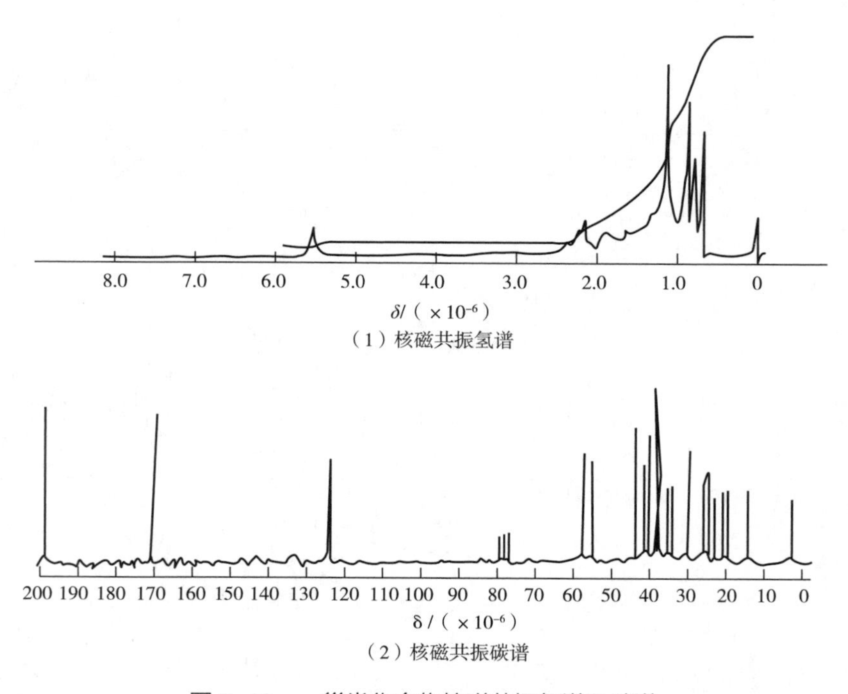

（1）核磁共振氢谱

（2）核磁共振碳谱

图 8-12　一甾类化合物核磁共振氢谱和碳谱

核磁共振碳谱测定的基准物质和氢谱一样仍为四甲基硅烷（TMS），但此时基准原子是 TMS 分子中的 ^{13}C，而不是 ^{1}H。碳谱仍然需在溶液状态下测定，虽然溶剂中含有氢并不影响 ^{13}C 测定，但考虑到同一样品一般都要在测定碳谱前测定氢谱，所以仍然采用氘代试剂。

核磁共振碳谱中，因 ^{13}C 的自然丰度仅为 1.1%，因而 ^{13}C 原子间的自旋偶合可以忽略，但有机物分子中的 ^{1}H 核会与 ^{13}C 发生自旋偶合，这样同样能导致峰分裂。现在的核磁共振技术已能通过多种方法对碳谱进行去偶处理，这样，现在得到的核磁共振碳谱都是完全去偶的，谱图都是尖锐的谱线，没有峰分裂。但必须指出，和氢谱不同，碳谱不能判断碳原子的数目，即碳谱谱线的大小强弱与碳原子数无关。谱线高，并不意味是多个碳原子，有时只能表示该碳原子是与较多的氢原子相连。因此，核磁共振碳谱只能通过化学位移值来提供结构信息。

核磁共振碳谱图中谱线的多少，表示有机物分子中碳原子数的种类，即有多少谱线就说明有机物分子至少有多少碳原子组成。

图 8-13（1）是叔丁醇的核磁共振碳谱，叔丁醇分子中共有 4 个碳原子，但 3 个甲基的碳原子是相同的，这样谱图上只有两个峰。而图 8-13（2）是手性分子 2,2,4-三甲基-1,3-戊二醇的核磁共振碳谱，2,2,4-三甲基-1,3-戊二醇分子共 8 个碳原子，但谱图上只有 7 个峰，这是因为该分子结构中端位的两个甲基是相同的。事实上，端位的这两个甲基也是有细微差别的，若用高分辨的核磁共振仪器或使用位移试剂也可能将峰 c 分成两个峰。

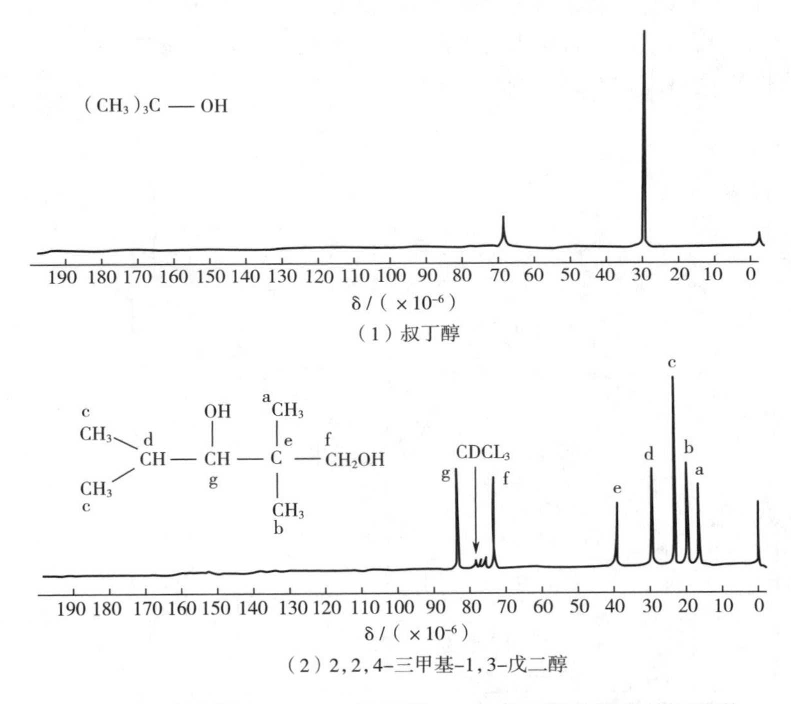

图 8-13　叔丁醇与 2,2,4-三甲基-1,3-戊二醇的核磁共振碳谱

综上所述，核磁共振氢谱和碳谱技术有许多共性，原理基本相同，只是针对测定的原子核对象改变而有一些相应的改变。如重氢交换技术对碳谱就不适合，但位移试剂和去偶等技术是一样的。除此之外，除非采用特定技术条件，碳谱峰高与碳原子数无关，只关注化学位移，而氢谱则是峰面积和化学位移具有同等重要的地位。同时碳谱都是完全去偶的谱线，而氢谱却都是多重分裂能够重叠的峰。

2. 碳谱的化学位移

核磁共振碳谱主要关注谱线的化学位移 δ 值，不同类型的碳原子在有机物分子中的位置不同，则化学位移 δ 值不同。反之，根据不同的化学位移可以推断有机物分子中碳原子的类型。有机物分子中常见类型的碳原子的化学位移列于表 8–4 中。由表 8–4 可以看出，核磁共振碳谱的化学位移值，按有机物的官能团有明显的区别，这种区别比红外光谱还要准确可辨，现分述如下。

表 8–4　　不同类型碳原子的化学位移

碳原子类型		化学位移 δ /（×10⁻⁶）
>C=O	酮类	188~288
	醛类	185~208
	酸类	165~182
	酯、酰胺、酰氯、酸酐	150~180
>C=N—OH	肟	155~165
>C=N—	亚甲胺	145~165
—N=C=S	异硫氰化物	120~140
—S—C≡N	硫氰化物	110~120
—C≡N	氰	110~130
苯环	芳环	110~135
>C=C<	烯	110~150
—C≡C—	炔	70~100
—C(—)(—)—O—	季碳醚	70~85
>CH—O—	叔碳醚	65~75
$—CH_2—O—$	仲碳醚	40~70
$H_3C—O—$	伯碳醚	40~60
—C(—)(—)—N<	季碳胺	65~75
>CH—N<	叔碳胺	50~70
$—CH_2—N<$	仲碳胺	40~60

续表

碳原子类型		化学位移 δ/(×10⁻⁶)
$H_3C—N<$	伯碳胺	20~45
$—\overset{|}{\underset{|}{C}}—S—$	季碳硫醚	55~70
$>CH—S—$	叔碳硫醚	40~55
$—CH_2—S—$	仲碳硫醚	25~45
$H_3C—S—$	伯碳硫醚	10~30
$—\overset{|}{\underset{|}{C}}—X$	季碳卤化物	I 35~75 Cl
$>CH—X$	叔碳卤化物	I-30~65 Cl
$—CH_2—X$	仲碳卤化物	I 10~45 Cl
$H_3C—X$	伯碳卤化物	I-35~35 Cl
$—\overset{|}{\underset{|}{C}}—$	季碳烷烃	35~70
$>CH—$	叔碳烷烃	30~60
$—CH_2—$	仲碳烷烃	25~45
$H_3C—$	伯碳烷烃	-20~30
△	环丙烷	-5~5

注：X—Cl，Br，I。

150~220，这是各类羰基 C ═O 碳的特征化学位移值，尤其是酮类羰基的化学位移值超过 188，而酯、酰胺和酰卤等羧酸衍生物中羰基的化学位移值又低于 180，据此可以非常清楚地区分这几类有机物。

100~150，这是烯、芳环、不饱和杂原子类有机物碳的化学位移值。若有机物分子中含有 S、O、N 等杂原子，在此范围有谱线，则可以推断出是不饱和杂原子类有机物，如腈和硫氰等。烯的化学位移值也在此区间，乙烯的化学位移值是 123，根据取代基的性质，双键碳的化学位移值可以增加或减少，但总是在 100~150。而苯的化学位移值是 128，苯环上取代基不同，化学位移值也发生变化，但变化幅度小于烯双键，最大幅度为 35，因而取代苯环的化学位移值在 110~150。三键炔的化学位移值明显小于苯环和双键烯，在 70~100，比较容易辨别。

80以下均是饱和碳原子的化学位移值，这区域特别要注意的是饱和碳原子上氢被其他原子的取代数。当碳原子四个氢全部被取代，则为季碳。季碳的化学位移值最大，对于氧取代为70~85，氮取代为65~75，硫取代为55~70，卤素取代为35~75，碳自身取代为35~70。当碳原子的三个氢被取代，则为叔碳。当碳原子的两个氢被取代，则为仲碳。当碳原子的一个氢被取代，则为伯碳。依据各种取代原子的不同，碳核的化学位移值发生变化。一般的规律是：①对于相同原子的取代，被取代的碳核的化学位移值为季碳>叔碳>仲碳>伯碳。②对于不同原子的取代，相同取代数的碳核的化学位移值为O>N>S>C>卤素。值得注意的是，对于卤素碘和伯碳取代，被取代碳核的化学位移值可以为负数，这和核磁共振谱有所不同。另外，对于饱和的环烷烃，除环丙烷的碳核化学位移值在-5~5外，其他的从最小的4元环到17元以上的大环，它们碳核的化学位移值都是25左右，和直链的饱和烷烃的化学位移值一致。

根据上述不同碳核的核磁共振的化学位移值，可以推断有机物分子中的不同碳原子的位置，从而得到有机物分子的结构。核磁共振碳谱的解析，不仅需要对常见碳核化学位移的掌握，而且也需要辅以必要的测定技术和解谱经验，有时可以用比较简单的有机物分子作比较，逐步推断复杂有机物分子的结构，这在复杂结构的天然产物分子核磁共振碳谱的解析中非常重要。作为一个有机物结构分析的专业人士或长期从事天然有机物结构鉴定的专家，对有机物分子核磁共振谱的解析，除了扎实的理论功底外，长期解谱的经验也是非常重要的。至于核磁共振碳谱的辅助技术，除了能像氢谱一样采用位移试剂外，现在迅速发展应用的是采用脉冲序列技术，这主要是测定有机物分子中碳原子的级数问题，即确定碳核的季、叔、仲、伯，解决碳谱谱线多重性，这对于鉴定有机物分子的结构具有重要的意义。常用的有连接质子测试（attached proton test，APT）、非灵敏核的极化转移增强（in-sensitive nuclei enhanced by polarization transfer，INEPT）和无畸变极化转移增强（dis-tortionless enhancement by polarization transfer，DEPT）等方法，由这些方法测定出的核磁共振碳谱一般被称作相应的谱，如DEPT谱等。

不论是核磁共振氢谱，还是碳谱，有机物样品测定时总要配制成溶液，这使核磁共振的发展应用有所限制。若能在固体状态下直接测定有机物的核磁共振谱，那将是非常好的事情。但在固体状态下，有机物分子不能自由运动，自旋原子核在外加磁场中有各种取向，测出的吸收峰非常宽而没有实际价值。利用一些先进的技术，如将固体有机样品在高转速（>2000r/s）下旋转，可以测得接近溶液状态下的核磁共振谱图。因此，固体核磁共振得到深入的研究，但目前还没有达到普遍的使用，测定技术和方法尚需成熟。固体核磁共振技术一旦成熟，就能方便地对固体有机样品直接测定，尤其是对难溶的高分子和生物大分子的结构鉴定具有重要意义。而且固体核磁共振可以增加对固体分子结构的了解，甚至达到像X衍射技术一样而对晶体结构进行分析。

第三节　液相色谱-质谱分析

色谱-质谱联用技术（chromatrography-mass spectrometry）是当代重要的分离和鉴定的分析方法之一。色谱的优势在于分离，色谱的分离能力为混合物分离提供了有效的选择，但色谱分析难以得到结构信息，其主要靠与标准样品对比达到对未知物结构的推定；在对复杂混合未知物的结构分析方面显得薄弱；在常规的紫外检测器上对于无紫外吸收化合物的检测和大量未知化合物的定性分析还需依赖于其他手段。质谱分析能提供丰富的结构信息，用样量又是几种色谱学方法中最少的，但其样品需经预处理（纯化、分离），程序复杂、耗时长。长期以来，人们为解决这两种技术的弱点发展了许多技术，其中色谱-质谱联用技术是最具发展和应用前景的技术之一。HPLC 可分离极性的、离子化的、不易挥发的高分子质量和热不稳定的化合物，同时 LC-MS 联机弥补了传统 LC 检测器的不足，具有高分离能力，高灵敏度，应用范围更广和具有极强的专属性等特点，越来越受到人们的重视。据估计已知化合物中约 80%的化合物均为亲水性强、挥发性低的有机物，热不稳定化合物及生物大分子，这些化合物广泛存在于当前应用和发展最广泛、最有潜力的领域，包括农业、生物、医药、化工和环境等方面，它们需要用 LC 分离。

一、液相色谱-质谱联用仪的优点

随着液相色谱和质谱联用技术的日趋成熟，LC-MS 日益显现出优越的性能。

（1）广适性检测器　MS 几乎可以检测所有的化合物，比较容易地解决了分析热不稳定化合物的难题。

（2）分离能力强　即使在色谱上没有完全分离开，但通过 MS 的特征离子质量色谱图也能分别画出它们各自的色谱图来进行定性定量，可以给出每一个组分的丰富的结构信息和分子质量，并且定量结构十分可靠。

（3）检测限低　MS 具备高灵敏度，它可以在低于 10^{-12}g 水平下检测样品，通过选择离子检测方式，其检测能力还可以提高一个数量级以上，特别是对于那些没有紫外吸收的样品，用 MS 检测更是得心应手。

（4）可以实现从分子水平上研究生命科学。

（5）质谱引导的自动纯化，以质谱给馏分收集器提供触发信号，可以大大提高制备系统的性能，克服了传统紫外制备中的很多问题。

二、液相色谱-质谱提供的信息

1. 准确的化合物分子质量信息

常规生物测蛋白质技术如十二烷基磺酸钠聚丙烯酰胺凝胶电泳、超离心、色谱等方法的分子质量测定准确度低，而电喷雾质谱多电荷离子系列即使是测定生物大分子也能给出精确分子质量，测定误差为 0.001%。

2. 未知化合物碎片结构信息

对于电喷雾源，通过调控接口锥体上的电压，使加速分子离子在 293.3Pa 真空下与 N_2 发生多次碰撞而增加内能，导致分子中某些键断裂形成碎片离子，这种断裂过程叫碰撞诱导解离。调控电压形成不同强度电场，可以控制化合键断裂的程度。碰撞产生的分子离子、碎片离子流损失小，灵敏度高，重现性强。

3. 一套完整的图谱和多种扫描方式充分提供定性、定量和峰纯度信息

一套完整的色谱-质谱联机分析图谱包括色谱图、总离子流色谱图（TIC）、质谱图、质量碎片图谱、质量色谱图等。另外，在进行色谱分离的同时，质谱仪的质量分析器也进行重

复的质谱扫描，即以一定的时间间隔，重复地让某一质量范围的离子次序通过，同时检测系统和计算机进行快速地检测、记录和储存处理。扫描方式有多种：全量程扫描（FS）、选择离子检测（SM）、高分辨扫描（ZS），具有选择反应检测（SRM）、自动控制离子扫描（DPS）、质谱数据累加采集（MCA）以及串联质谱子离子扫描（M-MS）等。化合物的定性定量分析就是根据这些图谱和扫描结果来进行的。

4. 为无共价键、无官能团的化合物提供质谱信息

色谱检测器如紫外、荧光、电化学等需要待测化合物具有特殊官能团，如共价键、苯环、氧化或还原基团。而大气压电离源是软电离技术，无需化合物具有特殊官能团即可完成分析测定，使几乎所有化合物均能得到质谱信息。

第四节　气相色谱-质谱分析

一、气相色谱-质谱联用仪系统

气相色谱-质谱联用仪是分析仪器中较早实现联用技术的仪器。自 1957 年霍姆斯和莫雷尔首次实现气相色谱和质谱联用以后，这一技术得到长足的发展。在所有联用技术中气相色谱-质谱联用，即 GC-MS 发展最完善，应用最广泛。目前从事有机物分析的实验室几乎都把 GC-MS 作为主要的定性确认手段之一，在很多情况下又用 GC-MS 进行定量分析。目前市售的有机质谱仪，不论是磁质谱、四极杆质谱、离子阱质谱还是飞行时间质谱（TOF）、傅里叶变换质谱（FTMS）等均能和气相色谱联用。还有一些其他的气相色谱和质谱联接的方式，如气相色谱-燃烧炉-同位素比质谱等。GC-MS 逐步成为分析复杂混合物最为有效的手段之一。

GC-MS 联用仪系统一般由图 8-14 所示的各部分组成。

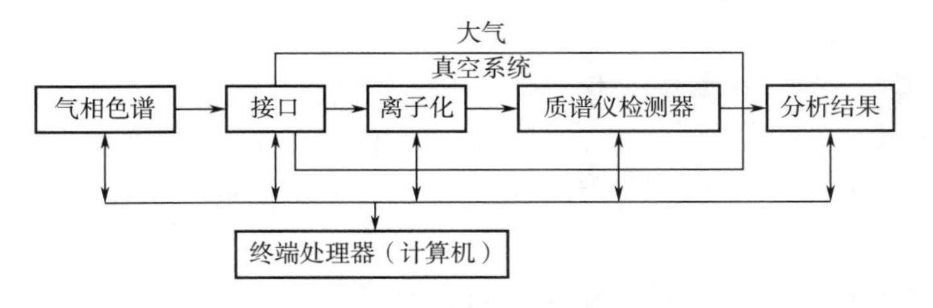

图 8-14　GC-MS 联用仪组成框图

气相色谱仪分离样品中各组分，起着样品制备的作用；接口把气相色谱流出的各组分送入质谱仪进行检测，起着气相色谱和质谱之间适配器的作用，由于接口技术的不断发展，接口在形式上越来越小，也越来越简单；质谱仪对接口依次引入的各组分进行分析，成为气相色谱仪的检测器；计算机系统交互式地控制气相色谱、接口和质谱仪，进行数据采集和处理，是 GC-MS 的中央控制单元。

二、 GC-MS联用中主要的技术问题

气相色谱仪和质谱仪联用技术中着重要解决两个技术问题。

1. 仪器接口

气相色谱仪的入口端压力高于大气压，在高于大气压力的状态下，样品混合物的气态分子在载气的带动下，因在流动相和固定相上的分配系数不同而产生的各组分在色谱柱内的流速不同，使各组分分离，最后和载气一起流出色谱柱。通常色谱柱的出口端为大气压力。质谱仪中样品气态分子在具有一定真空度的离子源中转化为样品气态离子。这些离子包括分子离子和其他各种碎片离子在高真空的条件下进入质量分析器运动。在质量扫描部件的作用下，检测器记录各种按质荷比不同分离的离子其离子流强度及其随时间的变化。因此，接口技术中要解决的问题是气相色谱仪的大气压的工作条件和质谱仪的真空工作条件的联接和匹配。接口要把气相色谱柱流出物中的载气，尽可能多地除去，保留或浓缩待测物，使近似大气压的气流转变成适合离子化装置的粗真空，并协调色谱仪和质谱仪的工作流量。

2. 扫描速度

没和色谱仪联接的质谱仪一般对扫描速度要求不高。和气相色谱仪联接的质谱仪，由于气相色谱峰很窄，有的仅几秒钟时间。一个完整的色谱峰通常需要至少6个以上数据点。这样就要求质谱仪有较高的扫描速度，才能在很短的时间内完成多次全质量范围的质量扫描。同时，要求质谱仪能很快地在不同的质量数之间来回切换，以满足选择离子检测的需要。

三、 GC-MS联用仪和气相色谱仪的主要区别

GC-MS联用后，仪器控制、高速采集数据量以及大量数据的适时处理对计算机的要求不断提高。一般小型台式的常规检测GC-MS联用仪由常规台式计算机及其Windows7或Windows10支持。而大型研究用的GC-MS联用仪，主要是磁质谱或者多级串联质谱，大都有小型工作站及其UNIX系统支持。为方便用户使用，随着计算机CPU和软件的迅速发展，不少大型GC-MS联用仪的计算机系统开始采用Windows系统。

GC-MS联用后，气相色谱仪部分的气路系统和质谱仪的真空系统几乎不变，仅增加了接口的气路和接口真空系统。整机的供电系统变化不大。除了向原有的气相色谱仪、质谱仪和计算机及其外设各部件供电以外，还需向接口及其传输线恒温装置和接口真空系统供电。

GC-MS联用法和其他气相色谱法比较，可见如下一些性能和操作上的区别。

（1）GC-MS方法定性参数增加，定性可靠。GC-MS方法不仅与GC方法一样能提供保留时间，而且还能提供质谱图，由质谱图、分子离子峰的准确质量、碎片离子峰强比、同位素离子峰、选择离子的子离子质谱图等使GC-MS方法定性远比GC方法可靠。

（2）GC-MS方法是一种通用的色谱检测方法，其灵敏度远高于GC方法中的通用检测器中任何一种。GC方法中常用的只有FID和TCD是通用检测器，其余都是选择性检测器，与检测样品中的元素或官能团有关。图8-15是HP 5970B MSD的灵敏度与气相色谱仪各种检测器灵敏度的比较。

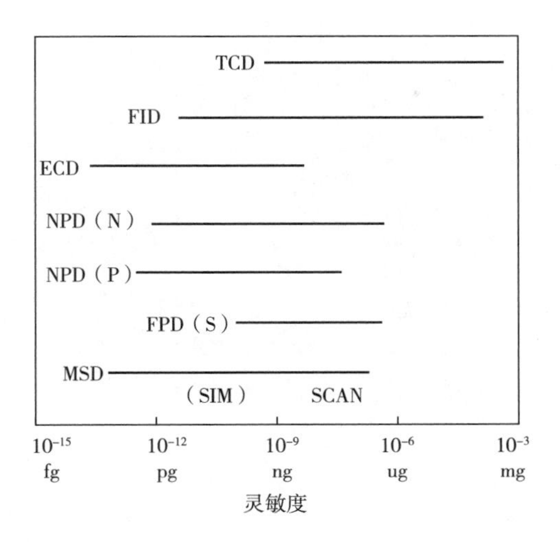

图 8-15　HP 5970B MSD 灵敏度与气相色谱常用检测器灵敏度比较

TCD—热导检测器；FID—氢火焰检测器；ECD—电子捕获检测器；NPD（N）—氮磷检测器（氮）；NPD（P）—氮磷检测器（磷）；FPD—火焰光度检测器；MSD—质谱检测器。

（3）虽然用气相色谱仪的选择性检测器，能对一些特殊的化合物进行检测，不受复杂基质的干扰，但难以用同一检测器同时检测多类不同的化合物，而不受基质的干扰。采用 GC-MS 联用中的提取离子色谱、选择离子检测等技术可降低化学噪声的影响，分离出总离子图上尚未分离的色谱峰。在 GC-MS 联用技术中，高分辨质谱的联用仪检测准确质量数、串联质谱（时间串联或空间串联）的选择反应检测或选择离子子离子检测等均能在一定程度上降低化学噪声，提高信噪比。

（4）从气相色谱和 GC-MS 联用的一般经验来说，质谱仪定量似乎总不如气相色谱仪，但是，由于 GC-MS 联用可用同位素稀释和内标技术，以及质谱技术的不断改进，GC-MS 联用仪的定量分析精度极大改善。在一些低浓度的定量分析中，接近多数气相色谱仪检测器的检测下限时，GC-MS 联用仪的定量精度优于气相色谱仪。

（5）气相色谱方法中的大多数样品处理方法、分离条件、仪器维护等都要保持，移植成为 GC-MS 联用的方法。在 GC-MS 联用中选择衍生化试剂时，要求衍生化物在一般的离子化条件下能生成稳定的、合适的质量碎片。

（6）气相色谱法中，经过一段时间的使用，某些检测器需要清洗。在 GC-MS 联用中检测器不需要常清洗，最需要常清洗的是离子源或离子盒。离子源或离子盒是否清洁，是影响仪器工作状态的重要因素。柱老化时不联接质谱仪、减少注入高浓度样品、防止引入高沸点组分、尽量减少进样量、防止真空泄漏、反油等是有效防止离子源污染的方法。气相色谱工作时的合适温度参数均可以移植到 GC-MS 联用仪上，其他各部件的温度设置要注意防止出现冷点，否则，GC-MS 的色谱分辨率将会恶化。

思考题

1. LC-MS 联用仪和液相色谱仪的主要区别是什么？
2. 简述电喷雾接口的优缺点。
3. 质谱仪器的离子源主要有哪几种及其特点？
4. 如何利用质谱法确定化合物分子式？
5. 如何判断质谱图上分子离子峰？
6. 简述色谱与质谱联用后的优点。

第九章

设计性实验

实验一　苯酚和苯酚钠紫外吸收曲线的制作及其含量的测定

一、目的及要求

1. 了解紫外-可见分光光度计的基本原理，并学会使用紫外-可见分光光度计。
2. 分别使用 UV9600 型和 TU-1810 型紫外-可见分光光度计制作紫外吸收曲线，并进行比较。
3. 熟练运用 UV9600 型紫外-可见分光光度计制作苯酚吸收的标准曲线，并测定苯酚的含量。
4. 比较在不同溶剂下吸收曲线的变化。

二、实验原理

苯酚在稀硫酸中几乎不电离，以分子形式存在，在氢氧化钠溶液中以苯酚钠形式存在。分别以稀硫酸和氢氧化钠溶液为介质，制作这两种溶液的吸收曲线，即为苯酚和苯酚钠的吸收曲线。由于羟基上氢的电离，生成的苯酚负离子中氧的供电性很强，与苯环的共轭增强，使紫外吸收曲线发生红移。

OH　　　　　　O^-

$$+OH^- \longrightarrow \qquad +H_2O$$

物质对光的吸收遵循比尔定律，即当一定浓度的光通过某物质时，入射光强度 I_0 与透射光强度 I 之比的对数与该物质的浓度及吸收层厚度成正比。其数学表达式为：

$$A = \lg(I_0/I) = \varepsilon bc \tag{9-1}$$

式中　A——吸光度；

ε——摩尔吸光系数；

b——吸收层厚度，cm；

c——被测物质的浓度，mol/L。

当被测物质浓度的单位是 g/L 时，ε 就以 a 表示，称吸光系数，此时 $A = abc$。

摩尔吸光系数 ε 在特定波长和溶剂情况下，是吸光分子（离子）的一个特征常数。在数值上等于单位物质的量浓度在单位光程中所测得的浓度的吸光度。它是物质吸光能力的量度，可作定性分析的参数。

R 吸收带是由羰基、硝基等单一生色基团中孤对电子由振动及转动能级跃迁而产生的吸收带。在紫外光谱上区分不出其光谱的精细结构，只能呈现一些很宽的吸收带，主要由化合物的结构决定。另外，由于电子很小，吸收谱带较弱，易被强吸收谱带掩盖，并易受溶剂极性的影响而发生偏移。

比尔定律是紫外-可见分光光度法定量分析的依据，当比色皿及入射光强度一定时，吸光度正比于被测物质的浓度。

三、仪器与试剂

1. 仪器

UV9600 型紫外-可见分光光度计、TU-1810 型紫外-可见分光光度计、石英比色皿、分析天平、容量瓶、烧杯等。

2. 试剂

（1）H_2SO_4 水溶液　0.05mol/L。

（2）NaOH 水溶液　0.1mol/L。

（3）苯酚标准储备液　准确称取 0.2500g 苯酚，用二次蒸馏水溶解，移入 100mL 容量瓶中，定容。

（4）苯酚标准工作液　吸取 10mL 苯酚标准储备液，移入 100mL 容量瓶中，用二次蒸馏水定容，此苯酚标准溶液含苯酚 0.250mg/mL。

四、实验步骤

1. 吸收曲线制作

准确称取 0.250mg/mL 苯酚标准工作液 5.00mL 于 2 只 100mL 容量瓶中，分别用 0.05mol/L H_2SO_4，0.1mol/L NaOH 稀释至刻度，分别以 0.05mol/L H_2SO_4，0.1mol/L NaOH 作空白，在 210~400nm，以 5nm 为间隔，以 UV9600 和 TU-1810 型紫外-可见分光光度计测定溶液的吸光度，找出 R 吸收带并找出 R 吸收带的最大吸收波长 λ_{max}。

注意：在使用 UV9600 型紫外-可见分光光度计时，每次改变波长后，都要重新将参比溶液移入光路，校正 $T=100\%(A=0)$。

2. 制作苯酚的标准曲线

分别吸取苯酚标准工作液 0mL，1.0mL，2.0mL，4.0mL，5.0mL 于 5 只 25mL 容量瓶中，用二次蒸馏水定容，以蒸馏水为参比，测定最大吸收波长 λ_{max} 处的吸光度。

3. 测定未知样品中苯酚的吸光度

以蒸馏水为参比，测定最大吸收波长 λ_{max} 处的吸光度。

五、数据处理

（1）根据 UV9600 型紫外-可见分光光度计测量的数据，以波长为横坐标，吸光度为纵坐标制作吸收曲线。

（2）用 TU-1810 型紫外-可见分光光度计测量扫描后得出的图与所制作的图进行比较，

并比较两条曲线的最大吸收峰位置及对应的吸光度。

（3）从标准吸收曲线上找出实验步骤 3 中测得的吸光度所对应的溶液浓度，即未知样品的浓度。

六、思考题

（1）在测量波长范围有几个吸收带？属于何种电子跃迁类型？在不同溶剂中最大吸收波长为什么有变化？

（2）偏离比尔定律的原因有哪些？

（3）解释红移和紫移现象。

实验二　苯甲酸红外吸收光谱的测验——溴化钾晶体压片制样

一、目的及要求

1. 学习用红外吸收光谱进行化合物的定性分析。
2. 掌握用压片法制作固体试样晶片的方法。
3. 熟悉红外分光光度计的工作原理及其使用方法。

二、实验原理

在化合物分子中，具有相同化学键的原子基团，其基本振动频率吸收峰（简称基频峰）基本上出现在同一频率区域内。例如 $CH_3(CH_2)_5CH_3$、$CH_3(CH_2)_4C{\equiv}N$ 和 $CH_3(CH_2)_5CH{=}CH_2$ 等分子中都有—CH_3，—CH_2—基团，它们的伸缩振动基频峰与 $CH_3(CH_2)_6CH_3$ 分子的红外吸收光谱中—CH_3，—CH_2—基团的伸缩振动基频峰都出现在同一频率区域内，即在小于 $3000cm^{-1}$ 波数附近，但又有所不同。这是因为同一类型原子基团，在不同化合物分子中所处的化学环境有所不同，使基频峰频率发生一定移动。因此掌握各种原子基团基频峰的频率及其位移规律，就可应用红外吸收光谱来确定有机化合物分子中存在的原子基团及其在分子结构中的相对位置。

由苯甲酸分子结构可知，分子中各原子基团的基频峰的频率在 4000~$650cm^{-1}$，原子基团基频峰的频率范围如表 9-1 所示。

表 9-1　原子基团基频峰的频率范围

原子基团的基本振动形式	基频峰的频率/cm^{-1}	原子基团的基本振动形式	基频峰的频率/cm^{-1}
v_{C-H}（Ar 上）	3077，3012	δ_{O-H}	935
$v_{C=C}$（Ar 上）	1600，1582，1495，1450	$v_{C=O}$	1400
δ_{C-H}（Ar 上邻接五氯）	715，690	δ_{C-O-H}（面内弯曲振动）	1250
$v_{C=H}$（形成氢键二聚体）	3000~2500（多重峰）		

注：v—伸缩振动；δ—弯曲振动。

本实验用溴化钾晶体稀释苯甲酸标准样品和试样，研磨均匀后，分别压制成晶片，以纯溴化钾晶片作参比，在相同的实验条件下，分别测绘标准样品和试样的红外吸收光谱，然后从获得的两张图谱中，对照上述的各原子基团频率峰的频率及其吸收强度，若两张图谱一致，则可认为该试样是苯甲酸。

三、仪器与试剂

1. 仪器

傅里叶红外光谱仪（Nicolet-is 10）、压片装置、压片机、玛瑙研钵、红外干燥灯。

2. 样品

苯甲酸、溴化钾均为优级纯，苯甲酸试样经提纯。

四、实验步骤

（1）开启空调机，使室内的温度为18~20℃，相对湿度≤65%。

（2）苯甲酸标准样品、试样和纯溴化钾晶片的制作

取预先在110℃烘干48h以上，并保存在干燥器内的溴化钾150mg左右，置于洁净的玛瑙研钵中，研磨成均匀、细小的颗粒，然后转移到压片模具上（图9-1），依顺序放好各部件后，把压模置于图9-2中的7处，并旋转压力丝杆手轮1压紧压模，顺时针旋转放油阀4到底，然后一边放气，一边缓慢上下移动压把6，加压开始，注视压力表8。当压力加到1.0×10^5~1.2×10^5kPa时，停止加压，维持3~5min，反时针旋转放油阀4，加压解除，压力表指针指“0”，旋松压力丝杆手轮1取出压模，即可得到直径13mm，厚1~2mm透明的溴化钾晶片，小心从压模中取出晶片，并保存在干燥器内。

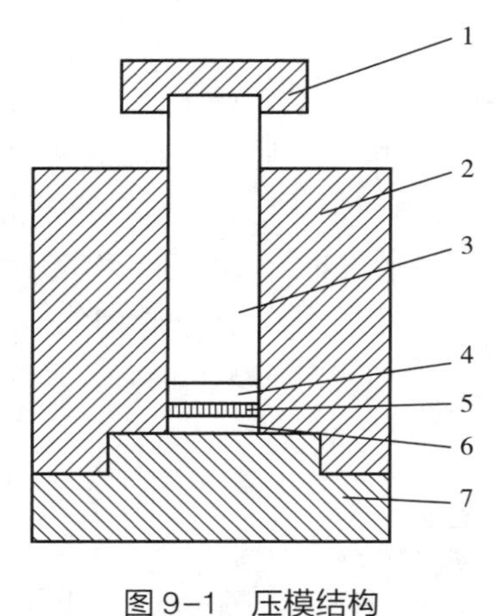

图9-1 压模结构

1—压杆帽；2—压模体；3—压杆；4—顶模片；5—试样；6—底模片；7—底座。

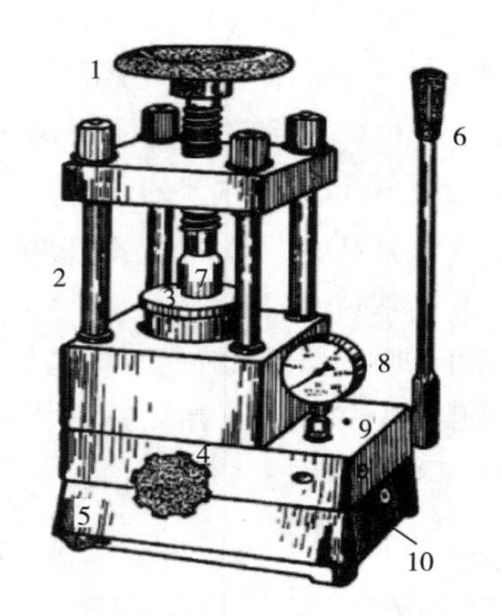

图9-2 压片机

1—压力丝杆手轮；2—拉力螺柱；3—工作台垫板；4—放油阀；5—基座；6—压把；7—压模；8—压力表；9—注油口；10—油标及入油口。

另取一份150mg左右的溴化钾置于洁净的玛瑙研钵中，加入2~3mg优级纯苯甲酸，同上操作研磨均匀、压片并保存在干燥器中。

再取一份150mg左右的溴化钾置于洁净的玛瑙研钵中，加入2～3mg苯甲酸试样，同上操作制成样品，并保存在干燥器内。

（3）根据实验条件，将红外分光光度计按仪器操作步骤进行调节，测绘红外吸收光谱。

（4）在相同的实验条件下，测绘苯甲酸试样的红外吸收光谱。

五、数据处理

（1）记录实验条件。

（2）在苯甲酸标准样品和试样红外吸收光谱图上，标出各特征吸收峰的波数，并确定其归属。

（3）将苯甲酸试样光谱图与其标准样品光谱图进行对比，如果两张图的各特征吸收峰及其吸收强度一致，则可认为该试样是苯甲酸。

六、注意事项

制得的晶片必须无裂痕，局部无发白现象，如同玻璃般完全透明，否则应重新制作。发白表示压制的晶片薄厚不匀；晶片模糊表示晶体吸潮，水在光谱图中3450cm^{-1}和1640cm^{-1}处出现吸收峰。

七、思考题

（1）红外吸收光谱分析对固体试样的制片有何要求？

（2）如何着手进行红外吸收光谱的定性分析？

（3）红外光谱实验室的温度和相对湿度为什么要维持一定的指标？

实验三　分子荧光光谱法测定样品中维生素B_2的含量

一、目的及要求

荧光分光光度计

1. 掌握标准曲线法定量分析维生素B_2的基本原理。
2. 了解荧光分光光度计的基本原理、结构及性能，掌握其基本操作。

二、实验原理

荧光是光致发光，任何荧光物质都具有激发光谱和发射光谱，发射波长总是大于激发波长。荧光激发光谱是通过测定荧光体的发光通量随波长变化而获得的光谱，反映不同波长激发光引起荧光的相对效率。荧光发射光谱是当荧光物质在固定的激发光源照射后所产生的分子荧光，是荧光强度对发射波长的关系曲线，表示在所发射的荧光中各种波长相对强度。由于各种不同的荧光物质有它们各自特定的荧光发射波长，可用它来鉴定荧光物质。有些发荧光的物质其荧光强度与物质的浓度成正比，故可用荧光分光光度法测定其含量。

维生素 B_2 溶液在 300~440nm 蓝光的照射下，发出绿色荧光，荧光峰在 535nm 附近。维生素 B_2 在 pH 6~7 的溶液中荧光强度最大。维生素 B_2 在碱性溶液中经光线照射会发生分解而转化为另一种物质——光黄素，光黄素也是一个能发荧光的物质，其荧光比维生素 B_2 的荧光强得多，故测维生素 B_2 的荧光时溶液要控制在酸性范围内，且在避光条件下进行。

在稀溶液中，荧光强度 F 与物质的浓度 c 有以下关系：

$$F = 2.303QI_0\varepsilon bc \tag{9-2}$$

式中 Q——荧光过程的量子效率；

I_0——入射光强度；

ε——摩尔吸收系数；

b——吸收层厚度。

当实验条件一定时，荧光强度与荧光物质的浓度呈线性关系：

$$F = kc \tag{9-3}$$

三、仪器与试剂

1. 仪器

荧光分光光度计、黑色 96 孔板、50mL 容量瓶。

2. 试剂

维生素 B_2 标准溶液（10.0μg/mL）（添加乙酸）、市售维生素片。

四、实验步骤

1. 系列标准溶液和待测溶液的配制

取维生素 B_2 标准溶液（10.0μg/mL）1.00mL、2.00mL、3.00mL、4.00mL、5.00mL 分别添加于 50mL 容量瓶内，定容，摇匀。取 2.00mL 待测溶液于 50mL 容量瓶中，定容、摇匀。

2. 激发光谱和荧光发射光谱的绘制

设置 λ_{E_m} =521nm 为发射波长，在 250~400nm 范围内扫描，记录荧光强度和激发波长的关系曲线，便得到激发光谱。记录最大激发波长。

根据上述步骤最大激发波长 λ_{E_x} 结果，设置激发波长，在 400~600nm 范围内扫描，记录荧光强度与发射波长间的函数关系，便得到荧光发射光谱，从荧光发射光谱上找出其最大的发射波长和荧光强度。

3. 标准溶液及样品的荧光测定

将激发波长固定在最大激发波长 λ_{E_x}，荧光发射波长固定在最大发射波长 λ_{E_m}，测量上述系列标准溶液的荧光发射强度，按浓度从低到高测定。在相同条件下测定未知溶液的荧光强度，并由标准曲线确定未知试样中维生素 B_2 的浓度。

五、实验结果

（1）记录激发波长 λ_{E_x} 和荧光发射波长 λ_{E_m}。

（2）标准溶液及待测溶液的浓度和荧光强度记录在表 9-2 中。

表 9-2　　　　标准溶液及待测溶液的浓度和荧光强度

项目	1	2	3	4	5	待测溶液
浓度 c/(μg/mL)						
荧光强度 I						

六、注意事项

检测过程防止荧光污染。

七、思考题

（1）荧光分析对比色皿有何要求？
（2）激发波长对分析有什么影响？
（3）发射波长对分析有什么影响？
（4）荧光与化学发光有什么区别？

实验四　荧光显微镜的应用——使用尼罗红荧光染料观察牛乳脂肪球

一、目的及要求

荧光倒置显微镜

1. 了解荧光显微镜的结构及其成像原理。
2. 掌握使用荧光显微镜观察被荧光染料染色的富含脂肪样品的操作方法。

二、实验原理

荧光显微镜主要由光源、滤板系统和光学系统等部件组成，利用一个高发光效率的点光源，经过滤色系统发出一定波长的光作为激发光，激发标本内的荧光物质发射出各种不同颜色的荧光后，再通过物镜和目镜系统放大以观察标本的荧光分布图像。其中，荧光光源主要使用超高压汞灯（50~200W），它可发出各种波长的光，但每种荧光物质都有一个产生最强荧光的激发光波长，所以需加用激发滤片（一般有紫外、紫色、蓝色和绿色激发滤片），仅使一定波长的激发光透过照射到标本上，而将其他光都吸收掉。每种物质被激发光照射后，在极短时间内发射出较照射波长更长的可见荧光。

尼罗红是一种亲脂性的荧光染料，与脂类物质结合后会发出荧光，在激发波长 530nm 激发下，能显示出橘红色荧光。同时，紫外光的照射也可以使其显示红色。尼罗红染料能够在富含脂类的环境中产生强烈的荧光，但水性介质中的荧光强度极小，因此，适合作为食品中检测脂滴的荧光指示剂，并通过荧光显微镜检测结果。

三、仪器与试剂

蔡司倒置荧光显微镜、牛乳、尼罗红染料、盖玻片、载玻片。

四、实验步骤

1. 尼罗红染料的配制

称取 0.0100g 尼罗红粉末溶于 10mL 二甲基亚砜，避光。

2. 样品玻片的制备

1mL 牛乳和 20μL 尼罗红染料按照体积比 50∶1 的比例混合均匀，避光。在干净的载玻片上，滴加一小滴染色后的牛乳样品。取盖玻片，小心覆盖在滴加的样品上。

3. 牛乳脂肪球的观察

（1）打开明场电源开关。

（2）按机身右侧的亮度调节按钮，透射光源灯亮起。

（3）将聚光镜的相差插板推至中间孔位置，荧光盘转至“BF”模式，选择低倍镜，分光镜完全推进插孔“目视”模式。

（4）调节透射光亮度，观察目镜，能否看到光。

（5）将样品玻片置于载物台上，调节粗细调旋钮找到样品。

（6）打开 X-cite 120 Q 荧光电源开关，显微镜机身左侧的荧光挡板打到向上的位置。

（7）转动荧光转盘，选择合适的激发光滤块。

（8）选择合适的放大倍数，转动调焦旋钮看清样品。

（9）将分光镜拉出相机观察位，打开软件拍照，获得牛乳的微观结构图像。

五、注意事项

荧光有衰减，使用过程中对荧光光源进行合理的保护；做完实验对荧光显微镜进行保养。

六、思考题

（1）荧光分光光度计与荧光显微镜各有何优缺点？

（2）样品固定有什么要求？

（3）简述正确观察白光的步骤。

（4）为什么无论怎么调整细准焦螺旋，镜下图像都不清楚？

实验五　自动电位滴定仪的应用
——电导滴定法测定食醋中乙酸的含量

自动电位滴定仪

一、目的及要求

1. 学习自动电位滴定仪的测定原理。
2. 掌握自动电位滴定仪测定食醋中乙酸含量的方法。

二、实验原理

电位滴定仪是根据滴定过程中被滴定溶液电导的变化来确定终点的一种容量分析方法。电解质溶液的电导取决于溶液中离子的种类和离子的浓度。在电位滴定中，由于溶液中离子的种类和浓度发生了变化，因而电导也发生了变化，据此可以确定滴定终点。

食醋中的酸主要是乙酸（CH_3COOH），用氢氧化钠滴定食醋，滴定开始时，部分高摩尔电导的氢离子被中和，溶液的电导略有下降。随后，由于形成了乙酸-乙酸钠缓冲溶液，氢离子浓度受到控制，随着摩尔电导较小的钠离子浓度逐渐增加，在化学计量点以前，溶液的电导开始缓慢上升。在接近化学计量点时，由于乙酸的水解，转折点不太明显。化学计量点以后，高摩尔电导的氢氧根离子浓度逐渐增大，溶液的电导迅速上升。作两条电导上升直线的近似延长线，其延长线的交点即为化学计量点。

食醋中乙酸的含量一般为3~4g/100mL，此外还含有少量其他弱酸如乳酸等。用氢氧化钠滴定食醋，以电导法指示终点，测定的是食醋中酸的总量，测定结果以乙酸含量计。

三、仪器与试剂

自动电位滴定仪（ZD-2）、电导电极、电磁搅拌器、搅拌子、0.1mol/L NaOH标准溶液。

四、实验步骤

（1）根据仪器使用说明书，接通电源，预热。

（2）清洗滴定瓶，加入NaOH标准溶液；用移液管吸取2mL食醋溶液，放入200mL测量瓶中，加入100mL去离子水，放入搅拌子，将测量瓶放置于电磁搅拌器上，插入电导电极，开启磁力搅拌器，测定溶液电导。

（3）启动程序用NaOH标准溶液进行滴定，观察数据变化，根据设定程序到达检测终点或到达设定时间，则检测完成。

（4）测定结束后，切断仪器电源，清洗电极和滴定管，用滤纸擦干银电极，放回电极盒。

五、数据处理

根据电脑显示数据，计算食醋中乙酸的含量（g/100mL）。

六、注意事项

（1）每次滴定结束均须清洗电极，当银电极表面变黑时，用稀 HNO_3 溶液浸泡几秒钟，然后用去离子水冲洗，再用滤纸擦去附着物。

（2）滴定过程中，接近计量点时，往往电位平衡比较慢，要注意读取平衡电位值。

七、思考题

用电导滴定法测定乙酸的含量与指示剂法相比，有何优点？

实验六　原子吸收分光光度法测定自来水中的钙和镁

一、目的及要求

1. 掌握原子吸收分光光度法的特点及应用。
2. 了解原子吸收分光光度计的结构及其使用方法。

二、实验原理

原子吸收分光光度法是基于从光源中辐射出的待测元素的特征光波通过样品的原子蒸气时，被蒸气中待测元素的基态原子所吸收，使通过的光波强度减弱，根据光波强度减弱的程度，可以求出样品中待测元素的含量。

锐线光源在低浓度的条件下，基态原子蒸气对共振线的吸收符合朗伯-比尔定律，即：

$$A = \lg(I_0/I) = abN_0 \tag{9-4}$$

式中　A——吸光度；

I_0——入射光强度；

I——经原子蒸气吸收后的透射光强度；

a——吸光系数；

b——吸收层厚度，实验中为一定值；

N_0——待测元素基态原子数。

当试样原子化，火焰的绝对温度低于 3000K 时，可以认为原子蒸气基态原子的数目实际上接近原子总数。在固定的实验条件下，原子总数与试样浓度 c 的比例是恒定的，则式（9-4）可记为：

$$A = k'c \tag{9-5}$$

式中　A——吸光度；

k'——吸光系数；

c——试样浓度。

式（9-5）就是原子吸收分光光度法定量分析的基本关系式。常用标准曲线法、标准加入法进行定量分析。

三、仪器与试剂

1. 仪器

原子吸收分光光度计，镁、钙空心阴极灯，空气压缩机，乙炔钢瓶，玻璃仪器。

2. 试剂

（1）镁标准溶液　0.005mg/mL，称取 0.1658g 光谱纯 MgO 于烧杯中，用适量盐酸溶解后，蒸干除去过剩盐酸，用去离子水溶解，转移到 1000mL 容量瓶中，并加去离子水至刻度。准确吸取该溶液 5.0mL 放入 100mL 容量瓶中，用去离子水稀释至刻度。

（2）钙标准溶液　0.10mg/mL，称取 0.6243g 无水 $CaCO_3$ 于烧杯中，加去离子水 20～30mL，滴加 2mol/L 盐酸至 $CaCO_3$ 完全溶解，转移到 250mL 容量瓶中，并加去离子水至刻度。准确吸取该溶液 10.0mL 放入 100mL 容量瓶中，用去离子水稀释至刻度，摇匀。

（3）氯化镧溶液　10mg/mL，称取 1.76g $LaCl_3$ 溶于水中，稀释至 100mL。

四、实验步骤

1. 系列标准溶液的配制

用 10mL 吸量管分别吸取 2mL、4mL、6mL、8mL、10mL 的 0.10mg/mL 钙标准溶液加入到 5 只 100mL 容量瓶中，再分别加入 5mL 的 $LaCl_3$ 溶液，用蒸馏水定容，摇匀。再用 10mL 吸量管分别吸取 2mL、4mL、6mL、8mL、10mL 0.005mg/mL 镁标准溶液于 5 只 100mL 容量瓶中，分别加入 5mL 的 $LaCl_3$ 溶液，用蒸馏水定容，摇匀。此系列标准溶液含 Ca^{2+} 为 2.00μg/mL、4.00μg/mL、6.00μg/mL、8.00μg/mL、10.00μg/mL；含 Mg^{2+} 为 0.10μg/mL、0.20μg/mL、0.30μg/mL、0.40μg/mL、0.50μg/mL。

2. 自来水样溶液的配制

准确吸取适量（以钙、镁浓度而定）自来水置于 100mL 容量瓶中，再分别加入 5mL 的 $LaCl_3$ 溶液，用蒸馏水稀释至刻度线。

3. 钙、镁标准曲线的绘制与水中钙含量的测定

点火，待基线平直时，即可进样。测定各系列标准溶液的吸光度，先绘制钙和镁的标准曲线，再测定样品中钙、镁含量，并记录在实验记录表格中（表 9-3）。

表 9-3　实验记录表

项目	钙	镁
吸收线波长/nm		
空心阴极灯电流/mA		
负高压/V		
燃烧器高度/mm		
狭缝的宽度/nm		
乙炔流量/(L/min)		
空气流量/(L/min)		

五、数据处理

（1）列表记录测定钙、镁标准溶液系列溶液的吸光度，然后以标准溶液浓度为横坐标，以吸光度为纵坐标绘制标准曲线，并计算线性回归方程。

（2）测定自来水样的吸光度，然后用回归方程计算水样中钙、镁的浓度（若稀释需乘稀释倍数）。

六、注意事项

火焰原子吸收分光光度法要选择合适的仪器和试剂，确保火焰吸收分光光度计以及火焰炉等设备正常工作。

七、思考题

火焰原子吸收分光光度法具有哪些特点？

实验七　高效液相色谱仪的结构认识及基本操作

一、目的及要求

高效液相色谱仪

1. 了解高效液相色谱仪的基本结构组成。
2. 初步了解流动相的选择、溶剂及样品处理方法。
3. 了解高效液相色谱仪的基本操作及维护方法。

二、实验原理

色谱法的分离原理：溶于流动相中的各组分经过固定相时，由于与固定相发生作用（吸附、分配、离子吸引、排阻、亲和）的大小、强弱不同，在固定相中滞留时间不同，从而先后从固定相中流出，又称为色层法、层析法。

高压泵将具有一定极性的单溶剂或不同比例的混合溶剂泵入配备好填料的色谱柱（固定相），样品溶液进入流动相，样品组分在固定相和流动相有不同的分配系数，在两相中进行相对运动，经过反复吸附-解吸分配过程后，由记录仪、积分仪、数据处理系统记录色谱信号或数据处理得到分析结果。

液相色谱所用基本概念如保留值、塔板数、塔板高度、分离度、选择性等与气相色谱一致，所用的基本理论如塔板理论、速率方程也与气相色谱基本一致；但所用的流动相与气相色谱不同。此外，液相色谱所用的仪器设备和操作条件也与气相色谱不同。所以，液相色谱与气相色谱在应用范围（高沸点化合物、非挥发性物质、热不稳定化合物、离子型化合物及高聚物的分离）、样品分离难度、柱外效应、样品制备与溶剂回收等方面有一定的差别。

三、仪器与试剂

高效液相色谱仪，色谱柱，甲醇，乙腈，水。

四、实验步骤

（1）过滤流动相，根据需要选择不同的滤膜，对抽滤后的流动相进行超声脱气处理10~20min。

（2）观察高效液相色谱仪的结构组成，并对高效液相色谱仪的组件功能进行了解学习；连接好流动相管道，打开高效液相色谱仪电源及计算机软件，连接检测系统。

（3）进入高效液相色谱仪控制界面主菜单，根据操作指南提示进行操作，学习高效液相色谱仪操作软件，练习软件的参数设置操作步骤。

（4）设计进样方法，根据软件操作指南建立一个新的方法，选取进样阀、泵、检测器等，选择流动相比例、流动相流速、走样时间、检测波长、柱温箱温度等。

（5）进样前所有样品均需要过滤，选定运行程序，点击开始，收集实验数据，全部样品运行结束后，对高效液相色谱仪进行清洗。

（6）收集运行测量数据，依次关掉计算机和高效液相色谱仪，在使用记录本上做好登记。

五、注意事项

使用过程中注意观察高效液相色谱仪的压力；严禁开空泵；安装及拆卸色谱柱时应注意色谱柱的连接方向。

六、思考题

（1）为什么溶剂和样品要过滤？

（2）流动相使用前为什么要脱气？

（3）如何选择液相色谱分离的流动相？

（4）如何保护色谱柱？

实验八 色谱柱的评价

一、目的及要求

1. 了解高效液相色谱仪的工作原理。

2. 学习评价液相色谱反相柱的方法。

二、实验原理

高效液相色谱是色谱法的一个重要分支。它采用高压输液系和小颗粒的填料，与经典的液相色谱相比具有很高的柱效和分离能力。色谱柱是色谱仪的“心脏”，也是需要经常更换和选用的部件，因此，评价色谱柱是十分重要的，而且对色谱柱的评价也可以检查整个色谱仪的工作状况是否正常。

评价色谱柱的性能参数主要有四个。

1. 柱效（理论塔板数）n

$$n = 5.54(t_R/W_{1/2})^2 \tag{9-6}$$

式中 t_R——测试物的保留时间；

$W_{1/2}$——色谱峰的半峰宽。

2. 容量因子 k'

$$k' = (t_R - t_0)/t_0 \tag{9-7}$$

式中 t_0——死时间，通常用已知在色谱柱上不保留的物质的出峰时间作死时间。

3. 相对保留值（选择因子）α

$$\alpha = k'_2/k'_1$$

式中 k'_1, k'_2——相邻两峰的容量因子，而且规定峰1的保留时间小于峰2的。

4. 分离度 R_s

$$R_s = 2(t_{R_2} - t_{R_1})/(W_{b_1} + W_{b_2}) \tag{9-8}$$

式中 t_{R_1}，t_{R_2}——相邻两峰的保留时间；

W_{b_1}，W_{b_2}——两峰的底宽，对于高斯峰来讲，$W_b = 1.70W_{1/2}$。

为达到好的分离，我们希望 n，α 和 R_s 值尽可能大。一般的分离（如 $\alpha = 1.2$，$R_s = 1.5$），需 n 达到2000。柱压一般为 10^4kPa 或更小一些。本实验采用多环芳烃作测试物，尿嘧啶为死时间标记物，评价反相色谱柱。

三、仪器与试剂

1. 仪器与耗材

Agilent LC1200 高效液相色谱仪（由 G1311A 四元泵、进样器、VWD 检测器和记录系统组成），超声波发生器，溶剂过滤器，0.45μm 耐有机溶剂微滤膜。色谱柱：5cm×4.6mm I. D.，Kromasil-$C_{18}H_{37}$（ODS），10μm。

2. 试剂与样品

流动相：甲醇：水（80：20），乙腈：水（80：20）。

样品Ⅰ：含尿嘧啶（0.01mg/mL）、萘（0.01mg/mL）、菲（0.006mg/mL）的甲醇混合溶液。

样品Ⅱ：尿嘧啶的甲醇溶液；萘的甲醇溶液；联苯的甲醇溶液；菲的甲醇溶液，溶液浓度约为0.01mg/mL。

样品Ⅲ：NaH_2PO_4（0.10mg/mL），癸烷基苯磺酸钠、十二烷基苯磺酸钠、十四烷基苯磺酸钠、十六烷基苯磺酸钠（各0.010mg/mL）及混合溶液钠（0.010mg/mL）。

四、实验步骤

（1）准备流动相　将色谱纯甲醇和色谱纯水按比例配制成200mL溶液，混合均匀过滤并经超声波脱气后加入仪器贮液瓶中。

（2）检查电路连接和液路连接正确以后，接通高压泵、检测器和控制系统电源。设定操作条件为：流速0.6~0.8mL/min，压力上限3000psi（约20.7MPa），检测波长254nm（该仪器检测波长可调），记录基线，并调节基线到合适位置。

（3）观察检测器的读数显示并观察计算机显示窗口，待基线平稳后，将进样阀手柄拨到

"Load"的位置，使用专用的液相色谱微量注射器取 5μL 样品注入色谱仪进样口，然后将手柄拨到"Inject"位置，记录色谱图。

（4）重复步骤（3）的操作两次。

（5）用同样方法进纯样品的甲醇溶液，确定出峰顺序。

（6）根据三次实验所得结果计算色谱峰的保留时间、半峰宽，然后计算色谱柱参数 n、k'以及相邻两峰的 α、R_s。

（7）将表面活性剂水溶液逐一进样，探索各组分的色谱分离条件，确定折中条件分析混合样品。

（8）将流速降为 0，待压力降为 0 后关机。

五、注意事项

使用过程中注意观察高效液相色谱仪的压力；严禁开空泵；安装及拆卸色谱柱时应注意色谱柱的连接方向。

六、思考题

（1）高效液相色谱与气相色谱相比有什么相同点和不同点？

（2）选择色谱流动相应从哪几个方面考虑？

（3）如何保护色谱柱以延长其使用寿命？

实验九　气相色谱法测定 95%乙醇中水的含量

一、目的及要求

1. 掌握内标定量的方法。
2. 熟悉气相色谱仪热导检测器（TCD）。

二、实验原理

热导检测器是气相色谱中通用性较好的一种检测器，只要被检测组分与载气的热导率不同，就可以被检测出来。由于氢气的热导率比一般被测的物质都大得多，故用氢气作为流动相，用热导检测器检测，灵敏度高。氮气的热导率居中，用它作流动相不仅灵敏度低，而且若待测物的热导率小于氮气的热导率时出正峰，那么大于氮气的物质就要出倒峰。另外，物质浓度与峰面积之间的线性关系也差。

内标法是一种常用的比较准确的定量方法。当样品混合物所有组分不能全部流出或组分含量相差很大时，归一化法就不适用了，此时可考虑选择内标法。内标法的优点在于它的准确性不受进样准确性的影响，而且没有归一化法的限制。但是，每次分析都需要在样品中准确加入内标物，操作相对烦琐。

本实验以 95%乙醇作样品，用内标法测定其中水的含量，色谱柱的固定相为 GDX-102。

此时以相对分子质量大小顺序出峰，小者先出。

三、仪器与试剂

1. 仪器

气相色谱仪，色谱工作站，色谱柱（GDX-102，2m×3mm），TCD 检测器。

2. 试剂

蒸馏水，无水甲醇（分析纯），95%乙醇（分析纯）。

四、实验步骤

（1）开启氢气发生器。

（2）打开气相色谱仪主机，按下列条件设置仪器控制参数。

柱箱温度：110℃；

进样器温度（或气化室温度）：160℃；

TCD 检测器温度：160℃；

热丝温度：180℃（桥电流约为 200mA）；

放大：10；

极性：正。

（3）检查气路的密封性。

（4）配制溶液。

样品溶液①：分别准确吸取 0.5mL 甲醇、0.4mL 水于试管中，混匀。

样品溶液②：准确吸取 0.5mL 甲醇于已定容的 10mL 95%乙醇容量瓶中，混匀（甲醇密度在 25℃时为 0.790g/mL）。

（5）设置色谱工作站参数。

通道：A；

采集时间：10min；

起始峰宽水平：5；

满屏时间：10；

量程：1000；

定量方法：内标法；

其他为默认值。

（6）当显示屏幕的右上角显示为“就绪”状态，且仪器基线稳定时，即可进样。进样的同时，用鼠标单击工作站上的“谱图采集按钮”（绿色），开始记录图谱。若想在设定的采集时间前终止实验，可用鼠标单击工作站上的“手动停止”按钮（红色），存储并处理图谱数据。

（7）进 5μL 空气，测定死时间。

（8）测定甲醇、水的相对校正因子。样品溶液①，进样 1μL，进样 3 次。

（9）测定 95%乙醇中水的含量。样品溶液②，进样 1μL，进样 3 次。

（10）关机时，先关热导检测器，再将各温度设置到室温，最后打开柱温箱降温。待仪器温度降到室温时，方可关闭载气。

五、数据处理

用样品溶液①不同进样次数测得的峰高均值，计算色谱峰高质量校正因子。计算公式如下：

$$\frac{h_{水} \times f_{水}}{m_{水}} = \frac{h_{甲醇} \times f_{甲醇}}{m_{甲醇}} \tag{9-9}$$

式中　$h_{水}$——水分峰高；

$h_{甲醇}$——甲醇峰高；

$f_{水}$——水的峰高相对质量校正因子；

$f_{甲醇}$——甲醇的峰高相对质量校正因子；

$m_{水}$——水的质量；

$m_{甲醇}$——加入甲醇的质量。

将数据代入式（9-10），计算含水量：

$$\rho_{H_2O}(g/L) = \frac{h_{水} f_{水}}{h_{甲醇} f_{甲醇}} \times \frac{m_{甲醇}}{10.00} \times 1000 \tag{9-10}$$

六、注意事项

（1）以氢气作载气，TCD 作检测器时，一定要注意在开机前进行检漏，并将尾气通向室外以免发生意外。

（2）不通载气，一定不能加桥电流。

（3）量取样品时，操作应快速、准确，以防样品挥发。

（4）氢气是易燃、易爆气体，使用时注意要保持室内空气畅通。

七、思考题

（1）作为内标物的条件是什么？加入内标物甲醇的量如何考虑？加多或加少有什么影响？

（2）测 $f_{甲醇}$ 时，若与样品进了相同的量，衰减不变，则会出现什么结果？若不知道水、甲醇、乙醇的出柱顺序时，如何测定？

（3）若用此法测定冰醋酸中的水分，已知冰醋酸中含水量约为 2g/L，试设计一个配制溶液的方法。(取多少样品？加多少内标？)

实验十　邻二甲苯中杂质的气相色谱分析——内标法定量

一、目的及要求

气质色谱的使用

学习内标法定量的基本原理和测定试样中杂质含量的方法。

二、实验原理

对于试样中少量杂质的测定，或仅需测定试样中某些组分时，可采用内标法定量。用内标法测定时需在试样中加入一种物质作内标，而内标物应符合下列条件：

①内标物应是试样中不存在的纯物质。

②内标物的色谱峰位置，应位于被测组分色谱峰的附近。

③内标物物理性质及物理化学性质应与被测组分相近。

④内标物加入的量应与被测组分的量接近。

设在质量为 $m_{试样}$ 的试样中加入内标物的质量为 m_s，被测组分的质量为 m_i，被测组分及内标物的色谱峰面积（或峰高）分别为 A_i，A_s（或 h_i，h_s），则 $m_i = f_i A_i$，$m_s = f_s A_s$。

$$\frac{m_i}{m_s} = \frac{f_i A_i}{f_s A_s},\quad m_i = m_s \times \frac{f_i A_i}{f_s A_s} \tag{9-11}$$

$$\omega(C_i) = \frac{m_i}{m_{试样}} \times 100\% \tag{9-12}$$

$$\omega(C_i) = \frac{m_s}{m_{试样}} \times \frac{f_i A_i}{f_s A_s} \times 100\% \tag{9-13}$$

若以内标物作标准，则可设 $f_i = 1$，可按式（9-14）计算被测组分的含量，即：

$$\omega(C_i) = \frac{m_s}{m_{试样}} \times \frac{f_i A_i}{A_s} \times 100\% \tag{9-14}$$

或式（9-15）：

$$\omega(C_i) = \frac{m_s}{m_{试样}} \times \frac{f''_i h_i}{h_s} \times 100\% \tag{9-15}$$

式中　f''_i——峰高相对质量校正因子。

也可配制一系列标准溶液，测得相应的 A_i / A_s（或 h_i / h_s），绘制 $A_i / A_s - C_i$ 标准曲线，如图 9-3 所示。这样可在无需预先测定 f_i（或 f''_i）的情况下，称取固定量的试样和内标物，混匀后即可进样，根据 A_i / A_s 之值求得 $\omega(C_i)$。

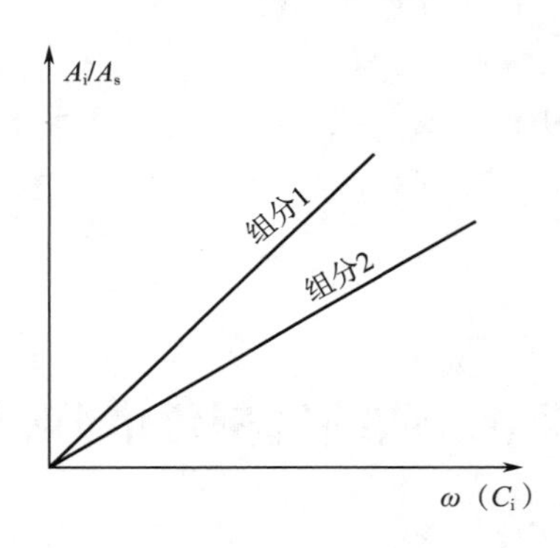

图 9-3　内标标准曲线

内标法定量结果准确，对于进样量及操作条件不需严格控制，内标标准曲线法更适用于工厂的操作分析。本实验选用甲苯作内标物，以内标标准曲线法测定邻二甲苯中苯、乙苯、1,2,3-三甲基苯的杂质含量。

三、仪器与试剂

1. 仪器

气相色谱仪（1102 型），氮气或氢气钢瓶，微量进样器（10μL），医用注射剂（5mL，10mL）。

2. 试剂

苯，甲苯，乙苯，邻二甲苯，1,2,3-三甲基苯，乙醚等，均为分析纯。

四、实验条件

（1）固定相　邻苯二甲酸二壬酯，6201 担体（15：100），60～80 目。

（2）流动相　氮气流量为 15mL/min。

（3）柱温　110℃。

（4）汽化温度　150℃。

（5）检测器　热导池，检测温度 110℃。

（6）桥电流　110mA。

（7）衰减比　1：1。

（8）进样量　3μL。

（9）记录仪　量程 5mV，纸速 600mm/h。

五、实验步骤

（1）按表 9-4 配制一系列标准溶液，分别置于 5 只 100mL 容量瓶中，混匀备用。称取未知试样 11.06g 于 25mL 容量瓶中，加入 0.61g 甲苯，混匀备用。

（2）将色谱仪按仪器操作步骤调节至可进样状态，待仪器的电路和气路系统达到平衡，记录仪上的基线平直时，即可进样。

表 9-4　苯及苯同系物标准溶液配制表

容量瓶编号	苯/g	甲苯/g	乙苯/g	邻二甲苯/g	1，2，3-三甲基苯/g
1	0.66	3.03	2.16	38.13	2.59
2	1.32	3.03	4.32	38.13	5.18
3	1.98	3.03	6.48	38.13	7.77
4	2.64	3.03	8.64	38.13	10.36
5	3.30	3.03	10.08	38.13	12.59

（3）依次分别吸取上述各标准溶液 3～5μL 进样，记录色谱图。再重复进样两次。进样后及时在记录纸上于进样信号处标明标准溶液号码，注意每做完一种标准溶液，需用后一种待进样标准溶液洗涤微量进样器 5～6 次。

（4）在同样条件下，吸取已配入甲苯的未知试液 3μL 进样，记录色谱图，并再重复进样两次。

（5）如果允许，在指导教师许可下，适当改变柱温（但不得超过固定液最高使用温度）进样实验，观察分离情况，例如，改变±10℃。

六、数据处理

1. 记录实验条件

（1）色谱柱的柱长及内径。

（2）固定相及固定液与担体配比。

（3）载气及其流量。

（4）柱前压力及柱温。

（5）检测器及检测温度。

（6）桥电流及进样量。

（7）衰减比。

（8）记录仪量程及纸速。

2. 测量苯及苯同系物标准品溶液各色谱图上各组分色谱峰高 h 值，并填入表9-5中。

表9-5　　苯及苯同系物标准品溶液的峰高记录表

编号	$h_{苯}$/mm				$h_{甲苯}$/mm				$h_{乙苯}$/mm				$h_{二甲苯}$/mm				$h_{1,2,3-三甲基苯}$/mm			
	1	2	3	平均值	1	2	3	平均值	1	2	3	平均值	1	2	3	平均值	1	2	3	平均值
1																				
2																				
3																				
4																				
5																				

3. 以甲苯作内标物，计算 m_i/m_s，h_i/h_s 值，并填入表9-6中。

表9-6　　实验数据处理表

编号	苯/甲苯		乙苯/甲苯		二甲苯/甲苯		1，2，3-三甲基苯/甲苯	
	m_i/m_s	h_i/h_s	m_i/m_s	h_i/h_s	m_i/m_s	h_i/h_s	m_i/m_s	h_i/h_s
1								
2								
3								
平均值								

4. 绘制各组分 $h_i/h_s-m_i/m_s$ 的标准曲线图。根据未知试样的 h_i/h_s 值于标准曲线上查

出相应的 m_i/m_s 值。按式（9-16）计算未知试样中苯、乙苯、1,2,3-三甲基苯的百分含量。

$$\omega(C_i) = \frac{m_s}{m_{试样}} \times \frac{m_i}{m_s} \times 100\% \tag{9-16}$$

七、注意事项

标准物应是应试物中不存在的纯物质；参标物的色谱峰位置，应位于被测组分色谱峰的附近；参标物加入的量应与被测组分的量临近。

八、思考题

（1）内标法定量有何优点？它对内标物有何要求？

（2）实验中是否要严格控制进样量？实验条件若有所变化是否会影响测定结果，为什么？

（3）在内标标准曲线法中，是否需要应用校正因子，为什么？

（4）试讨论色谱柱温度对分离的影响。

实验十一　氢火焰离子化检测器灵敏度测试

一、目的及要求

1. 进一步熟悉气相色谱仪的结构。
2. 学习氢火焰检测系统的使用方法。
3. 掌握氢火焰检测器灵敏度的测定方法。

二、实验原理

氢火焰检测器产生的被测组分信号的大小是随着通过火焰的被测物质的质量流速（g/s）而成比例变化的，故属于质量型检测器。氢火焰检测器灵敏度的定义为：每秒有 1g 组分进入检测器时，产生的响应信号的电压值（mV）。灵敏度 St 的计算公式为：

$$\mathrm{St} = h \times W_{1/2}/m \tag{9-17}$$

式中　St——检测器灵敏度，mV·s/g；

h——峰高，mV；

$W_{1/2}$——半峰宽，s；

m——样品质量，g。

氢火焰检测器的性能指标常用检测限（D）来表示，检测限是灵敏度与噪声信号之比，其定义为：某组分的峰高（mV）恰为噪声的 2 倍时，单位时间内所需引入检测器的最小组分的量（g）。定义为：

$$D = 2\mathrm{R_N}/\mathrm{St} \tag{9-18}$$

式中　D——检测限，g/s；

$\mathrm{R_N}$——噪声，mV（基线波动的高度）；

St——质量型检测器灵敏度，mV · s/g。

三、仪器与试剂

气相色谱仪，色谱柱，SE-54 甲基苯基聚硅氧烷固定相，微量注射器，0.05%甲苯的正己烷溶液。

四、实验步骤

（1）在操作氢火焰检测器之前，需要进行准备工作。首先检查氢气源，确保气体充足，还需要检查每个泵是否正常工作、点火装置是否易于点火、其他相关设备是否完好，检查完后对检测器进行预热。

（2）根据样品的类型，选择对应的方法对其进行净化处理。

（3）打开气相色谱仪及操作软件，通过软件连接操作色谱仪，根据色谱操作条件设置操作程序。

载气：氮气；

气化室温度：200℃；

载气流速：30mL/min；

柱内载气流速：1mL/min；

氢气流速：30mL/min；

空气流速：500mL/min。

（4）氢火焰检测器灵敏度的测定　用微量注射器抽取 0.5μL 甲苯正己烷溶液，进样后立即记录色谱图，重复测定 5 次，记录测定灵敏度和检测需要的各数据。

将仪器灵敏度设置为最高挡，空走基线数分钟，此时基线波动的电压（mV）即为噪声值 R_N。

测定甲苯的色谱图时，将仪器的灵敏度调节到合适的位置，使甲苯的峰高占谱图满刻度的 80%左右。

五、实验记录

参考表 9-7 的格式对实验数据进行记录，并进行数据处理。

表 9-7　实验记录表

记录仪灵敏度/(mV/mm)			样品体积分数/%		
仪器噪声 R_N/mV			进样体积/μL		
纸速/(mm/min)			甲苯密度/(g/mL)		
进样次序	1	2	3	4	5
峰高 h/mm					
半峰宽 $W_{1/2}$/mm					

六、数据处理及结果计算

（1）按分析原理及测量数据计算氢火焰检测器灵敏度 St。

（2）计算本次实验仪器的检测限。

七、注意事项

对氢气气瓶进行安全检查防止氢气泄露；防止水和其他液体在氢火焰检测器中冷凝；调控好气体流速和温度。

八、思考题

（1）氢火焰离子化检测器气相色谱仪的操作中，哪些步骤是会影响分析结果的关键步骤？

（2）灵敏度和检测限的含义有何不同？相互之间有什么关系？

实验十二　GC-MS 法测定多环芳烃样品

一、目的及要求

1. 掌握 GC-MS 工作的基本原理。
2. 了解仪器的基本结构及操作。
3. 初步学会分离检测条件的优化。
4. 初步学会谱图的定性定量分析。

二、实验原理

1. 气相色谱（GC）

GC 是一种分离技术。在实际工作中要分析的样品通常很复杂，对含有未知组分的样品，首先必须要将其分离，然后才能对有关组分做进一步的分析。混合物中各个组分的分离性质在一定条件下是不变的，因此，一旦确定了分离条件，就可用来对样品组分进行定量分析。

GC 主要是利用物质的沸点、极性及吸附性质的差异来实现混合物的分离。待分析样品在气化室汽化后被惰性气体（即载气，也称流动相）带入色谱柱，柱内含有固定相，由于样品中各个组分的沸点、极性或吸附性能不同，每种组分都倾向于在流动相和固定相之间形成分配或吸附平衡。载气在流动，使得样品组分在运动中进行反复多次的分配或吸附-解吸，结果使在载气中分配浓度大的组分先流出色谱柱进入检测器，检测器将样品组分的存在与否转变为电信号，电信号的大小与被测组分的量或者浓度成比例，这些信号放大并记录下来就成了通常我们看到的色谱图。

2. 质谱（MS）

质谱法是通过将样品转化为运动的气态离子并按照质荷比（m/z）大小进行分离记录的

分析方法，根据质谱图提供的信息可以进行多种有机物及无机物的定性定量及结构分析。其早期主要用于分析同位素，现在已经成为鉴定有机化合物结构的重要工具之一。MS 可以提供相对分子质量信息以及丰富的碎片离子信息，从而根据碎裂方式和碎裂理论深入研究质谱碎裂机制，为分析鉴定有机化合物结构提供数据，对于离子结构对应的分子组成、精确质量的测定可以给出有力的证明。对于一个未知物而言，可以在一定程度上通过质谱来确定其可能的结构特征。

本实验用的仪器是电子轰击离子源（离子源为灯丝 70eV，可以发出电子），有机化合物在高真空中受热汽化后，受到具有一定能量的电子束轰击，可使分子失去电子而形成分子离子。这些离子经离子光学系统聚焦后，进入离子阱质量分析器，通过射频电压扫描，不同质荷比的离子相继排出离子阱而被电子倍增器检测。

3. 气相色谱-质谱联用（GC-MS）

色谱法对有机化合物是一种有效的分离分析方法，但有时候定性分析比较困难，而质谱法虽然可以进行有效的定性分析，但对复杂的有机化合物就很困难了，因此，色谱法和质谱法的结合为复杂有机化合物的定量、定性及结构分析提供了一个良好的平台。气相色谱-质谱联用仪是分析仪器中较早实现联用技术的仪器，在所有联用技术中气质联用发展得最完善，应用最为广泛。两者的有效结合既充分利用了气相色谱的分离能力，又发挥了质谱定性的专长，优势互补，结合谱库检索，对容易挥发的混合体系，一般情况下可以得到满意的分离及鉴定结果。

气相色谱仪分离样品中各个组分，起着样品制备的作用；接口把气相色谱流出的各个组分送入质谱仪进行检测；质谱仪对接口引入的各个组分进行分析，成为气相色谱的检测器；计算机系统控制气相色谱、接口和质谱仪，进行数据采集和处理。

三、仪器与样品

1. 仪器

GC-MS 气相色谱-质谱联用仪（美国 Agilent6890/5975），毛细管气相柱（Agilent DB-5MS 30m×0. 25mm×0. 25μm）

2. 样品

标准样品：萘、苊烯、苊、芴、菲、蒽、荧蒽、芘、苯并蒽、苯并荧蒽、苯并芘、茚并芘、二苯并蒽、苯并芘等多环芳烃混合样品。

测试样品：环境中萃取出来的多环芳烃混合物。

四、实验步骤

1. 进样操作

优化一个气相色谱条件来测定环境中萃取出来的多环芳烃。

2. 图谱搜索与解析

从标准样品图谱中寻找并确定目标化合物；实际样品中鉴定不同的多环芳烃。

五、数据处理

（1）利用质谱图对色谱流出曲线上的每一个色谱峰对应的化合物进行定性鉴定。

（2）利用标准品对环境中萃取出来的多环芳烃混合物中的每一种多环芳烃进行定量分析。

六、注意事项

（1）小心不要碰到 GC 进样口，以免烫伤。

（2）不要随意按动仪器面板上的按钮，以免出现不可预知的故障与危险。

（3）做实验之前请认真预习相关知识，可参考教材中气相色谱法和质谱法中的相关内容。

（4）进样时要使针头垂直插入进样口，小心不要把进样针弯折。

（5）多环芳烃多有致癌作用，实验完毕请及时洗手。

七、思考题

（1）在气相色谱仪上分析的样品有何特点？

（2）质谱仪的主要功能是什么？如何达到这个目的？

（3）本实验有何注意事项？

第十章 数据分析中的质量保证

CHAPTER 10

数据分析的结果是许多重要决策的基础。如食品企业根据原辅材料的分析结果决定接受还是拒受；根据加工过程中各个关键控制点的在线检测结果，了解食品安全控制状态，决定是否需要采取预防或纠偏措施；根据终产品的分析结果决定某批次产品是否合格，能否放行出厂，进入食品流通渠道。又如，相关政府机构根据产品分析结果进行产品质量与安全方面的监督和管理，以保护消费者健康，维护消费者合法权益。总而言之，数据分析结果的质量直接影响着生产、科研、司法等重要活动。实践证明，如果没有可靠的分析质量保证措施，就不能提供可靠的分析数据，由此造成的后果可能会比没有数据更为严重。分析人员本身也常常面临证明其分析结果的准确性或可靠性的压力，需要用分析质量保证体系来证明其有能力提供符合质量要求的分析结果。所以，分析质量保证对企业、科学研究机构、质量与安全管理机构以及分析人员都具有十分重要的意义。

分析质量保证（analytical quality assurance）指分析测试过程中，为了将各种误差减少到预期要求而采取一系列培训、能力测试、控制、监督、审核、认证等措施的过程。因此，分析质量保证涉及许多影响分析结果的因素，例如，分析测试中使用仪器设备的性能、玻璃量器的准确性、试剂的质量、分析测量环境和条件、分析人员的素质和技术熟练程度、采样的代表性以及选用分析方法的灵敏度等。由于整个分析过程比较复杂，不可能做到完美无缺，只要其中任何一个环节发生问题，就一定会影响测定结果的准确性，产生测量误差。虽然，随着现代科学技术水平以及分析人员素质的提高，可以将误差控制在比较小的范围内，但是，不论分析人员怎样努力，都不可能彻底消除分析过程中的误差。所以，分析质量保证是一个需要不断改进与完善的过程。

本章将从如何保证分析数据的质量、如何进行实验室质量控制等方面，阐述数据分析中质量保证的主要内容。

第一节　分析数据的质量

分析人员和各利益相关方都非常关心分析过程和分析结果是否有效和可信，或者说分析结果的质量如何。对分析结果（即分析数据）的可信程度提出疑问是很自然的，因为人们需要比较、评价或再现（复现）分析结果。但是，回答这些问题存在一定的难度，因为影响测定结果的因素很多，而人们对各影响因素又缺乏全面的了解。在实际工作中，尽管分析人员选择最准确的分析方法，使用最精密的仪器设备，具备丰富的经验和熟练的技术，对同一样品进行多次重复分析，也不会获得完全相同的结果，更不可能得到绝对准确的结果。这就表明，误差是客观存在的。如何减少分析过程中的误差，减少分析数据的不确定度，是保证分析数据质量的关键措施。

一、误差

误差或测量误差是指测量值或测量结果与真实值之间的差异。根据误差的性质，可将其分为系统误差、偶然误差和过失误差三大类。

1. 系统误差

系统误差是由分析过程中某些固定原因造成的，使测定结果系统地偏高或偏低。常见的系统误差根据其性质和产生的原因，可分为方法误差、仪器误差、试剂误差、操作误差（或主观误差）等。

2. 偶然误差

偶然误差又称随机误差。它是由某些难以控制、无法避免的偶然因素造成的，其大小与正负值都不固定，又称不定误差。偶然误差的产生难以找到确定的原因，似乎没有规律性。但如果进行很多次测量，就会发现其服从正态分布规律。偶然误差在分析操作中是不可避免的。

3. 过失误差

分析工作中除上述两类误差外，还有一类过失误差。它是由于分析人员粗心大意或未按操作规程办事所造成的误差。在分析工作中，当出现误差值很大时，应分析其原因，如是过失误差引起的，则该结果应舍去。

二、不确定度

1. 定义

不确定度是测量不确定度的简称，指分析结果的正确性或准确性的可疑程度。不确定度是用于表达分析质量优劣的一个指标，是合理地表征测量值或其误差离散程度的一个参数。

不确定度又称可疑程度，习惯地称为“不可靠程度”。它定量地表述了分析结果的可疑程度，定量地说明了实验室（包括所用设备和条件）分析能力水平。因此，常作为计量认证、质量认证以及实验室认可等活动的重要依据。另外，由于通常真实值是未知的，分析结果是分析组分真实值的一个估计值。只有在得到不确定度值后，才能衡量分析所得数据的质量，才能指导数据在技术、商业、安全和法律方面的应用。

2. 分类

不确定度是与分析结果有关的参数，在分析结果的完整表述中，应包括不确定度。不确定度可以用标准差或其倍数，或是一定置信水平下的区间（置信区间）来表示，因此就可将不确定度分为两大类：标准不确定度和扩展不确定度。

（1）标准不确定度　即用标准偏差表示的分析结果的不确定度。根据计算方法，标准不确定度又分为 A 类标准不确定度、B 类标准不确定度和合成标准不确定度。A 类标准不确定度是用统计分析方法计算的不确定度；B 类标准不确定度是用不同于 A 类的其他方法计算的，以估计的标准差表示；而所有标准不确定度分量的合成称为合成标准不确定度，其标准偏差也是一个估计值。

（2）扩展不确定度　扩展不确定度又称为总不确定度。它提供了一个区间，分析值以一定的置信水平落在这个区间内。扩展不确定度一般是这个区间的半宽。

不确定度分类如下：

- 不确定度
  - 标准不确定度
    - A 类标准不确定度
    - B 类标准不确定度
    - 合成标准不确定度
  - 扩展不确定度

3. 来源

在实际分析工作中，分析结果的不确定度来源于很多方面，典型的来源包括：对样品的定义不完整或不完善；分析的方法不理想；取样的代表性不够；对分析过程中环境影响的认识不周全，或对环境条件的控制不完善；对仪器的读数存在偏差；分析仪器计量性能（灵敏度、分辨力、稳定性等）上的局限性；标准物质的标准值不准确；引进的数据或其他参数的不确定度；与分析方法和分析程序有关的近似性和假定性；在表面上看来完全相同的条件下，分析时重复观测值的变化等。

典型的不确定度来源包括如下几类。

（1）取样　分析过程中在实验室或现场取样时，取样代表性不够、不同样品间的随机变化和在取样过程中潜在的偏差可导致最终结果的不确定度。

（2）存放条件　实验样品在分析前要存放一段时间，存放条件可能影响结果。存放期限和存放条件应该作为不确定度来源加以考虑。

（3）仪器效应　如分析天平校准的准确度范围，温度控制器可能保持与它的指示设定点不同的平均温度，自动分析仪可能有滞后效应等。

（4）试剂纯度　即使已测定了试剂的纯度，试剂溶液的浓度仍不能准确知道，因为与测定过程有关的不确定度仍存在。而有些试剂在放置过程中也会发生纯度的变化，如氢氧化钠试剂和氢氧化钠溶液在放置过程中会和空气中的二氧化碳反应生成碳酸氢钠，纯度发生了变化。

（5）假定的化学计算　一般分析时都要假定分析过程遵循某个特殊反应的化学计算，但这化学计算和实际的计算还是有差异的，而且还可能发生了不完全反应或副反应。

（6）分析条件　如分析环境温度有时会影响分析结果，要考虑温度的不确定度，当然，显著的温度效应必须校正。同样，在样品对可能的湿度变化敏感的情况下，湿度也会引起分析结果的不确定度。

（7）样品效应　复杂的样品中被分析成分的回收率或仪器响应可能受到样品组成的影响，被分析成分可能进一步复合这种影响。由于复杂的成分改变了热状态或光分解效应，样品和被分析成分的稳定性在分析中也会发生变化。

（8）计算上的影响　选择的校准模式，如对曲线的响应选择直线校准，可能会导致较大的不确定度；舍项也可能会导致结果不准确。

（9）空白校正　空白值和空白校正的合理性均存在不确定度，这在痕量分析中特别重要。

（10）分析人员的影响　读数可能偏高或偏低。

（11）随机效应　所有分析中都有随机因素影响产生结果的不确定度。

4. 不确定度的评估过程

不确定度的评估在原理上很简单。为获取分析结果的不确定度估计值所要进行的工作包括如下几项。

（1）规定分析对象　清楚地写明需要分析什么，包括分析对象和分析所依赖的输入量（例如：所测定的参数、常数、校准标准值等）的关系。只要可能，还应该包括对已知系统影响量的修正。该技术规定资料应在有关的标准操作程序（SSOP）或其他方法描述中给出。

（2）识别不确定度的可能来源　列出不确定度的可能来源。包括第一步所规定的关系式中所含参数的不确定度来源，但可以有其他来源，必须包括那些由化学假设所产生的不确定度来源。

（3）不确定度分量的量化　测量或估计与所识别的每一个潜在的不确定度来源相关的不确定分量的大小。通常能评估或测量与大量独立来源有关的不确定度的单个分量。要考虑数据是否足以反映所有的不确定度来源，计划其他的实验和研究来保证所有的不确定度来源都得到充分的考虑。

（4）计算合成不确定度　在第三步中得到的信息是总不确定度的一些量化分量，它们可能与单个来源有关，也可能与几个不确定度来源的合成影响有关。这些分量必须以标准偏差的形式表示，并根据有关规则进行合成，以得到合成标准不确定度。应使用适当的包含因子来给出扩展不确定度。图 10-1 表示不确定度的评估过程。

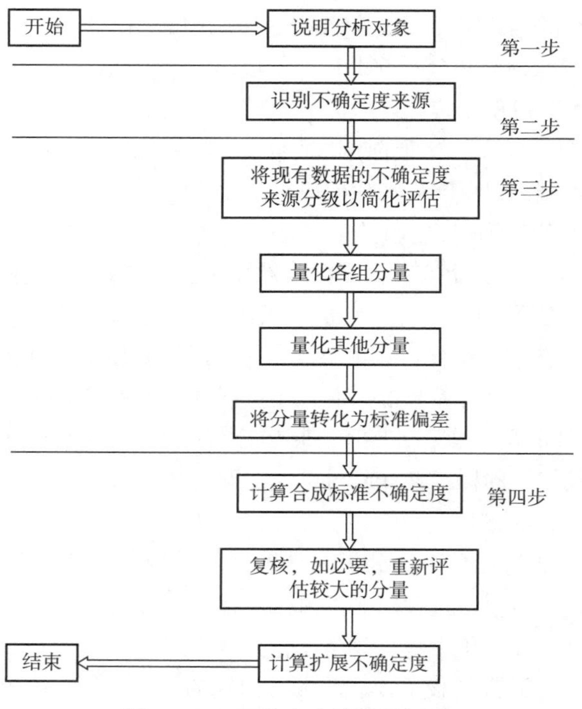

图 10-1　不确定度的评估过程

三、误差和不确定度

误差和不确定度是两个完全不同的概念。误差是本，没有误差，就没有误差的分布，就无法估计分析的标准偏差，当然也就不会有不确定度了，而不确定度分析实质上是误差分析中对误差分布的分析。误差分析更具广义性，包含的内容更多，如系统误差的消除与减弱等。可见，误差和不确定度紧密相关，但也有区别，其具体区别如表 10–1 所示。

表 10–1 误差与不确定度的主要区别

序号	误差	不确定度
1	单一值	区间形式，可用于其所描述的所有分析值
2	表示分析结果相对真实值的偏离	表示分析结果的离散性
3	有正号或负号，其值为分析结果减去真实值	无符号的参数，用标准差或标准差的倍数或置信区间的半宽表示
4	客观存在，不以人的认识程度而改变	与人们对分析对象、影响因素及分析过程的认识有关
5	由于真实值未知，往往不能准确得到，当用约定真实值代替真实值时，可以得到其估计值	可以由人们根据实验、资料、经验等信息进行评定，从而可以定量估计。评估方法有 A 类和 B 类
6	按性质可分为随机误差、系统误差和过失误差三类，定义系统误差和随机误差都是无穷多次分析情况下的理想概念	不确定度分量评价时一般不必区分其性质，若需要区分时应表述为：“由随机效应引入的不确定度分量”和“由系统效应引起的不确定度分量”
7	已知系统误差的估计值可以对分析结果进行修正，得到已修正的分析结果	不能用不确定度对分析结果进行修正，在已修正分析结果的不确定度中应考虑修正不完善而引入的不确定度

四、提高准确度，减少不确定度

分析结果的准确度是指分析结果与真实值之间的一致程度。在定量分析工作中，为了使分析结果和数据有意义，就要尽量提高分析结果的准确度。因此，定量分析必须对所测的数据进行归纳、取舍等一系列分析处理；同时，还需根据具体分析任务对准确度的要求，合理判断和正确表述分析结果的可靠性与精密度以及分析的不确定度。为此，分析人员应该了解分析过程中产生误差的原因及误差出现的规律，并采取相应的措施减小误差，使分析结果尽量地接近客观的真实值。

从前面有关误差的讨论中可知，在分析测试过程中，不可避免地存在误差和不确定度。

那么如何尽可能地减小分析误差和分析的不确定度，提高分析结果的准确度呢？下面结合实际情况简单地予以讨论。

1. 选择合适的分析方法

各种分析方法的准确度和灵敏度是不同的，在实际工作中要根据具体情况和要求来选择分析方法。化学分析法中的称量分析和滴定分析相对于仪器分析而言，准确度高，但灵敏度低，适用于质量分数高的组分的测定。而仪器分析方法相对而言灵敏度高，准确度低，因此它适于质量分数低的组分的测定。例如，有一试样铁的质量分数为 40.10%，若用重铬酸钾法滴定铁，其方法的相对误差为±0.2%，则铁的质量分数范围是 40.02%~40.18%。若采用分光光度法测定，其方法的相对误差为±2%，则铁的质量分数范围是 39.3%~40.9%。很明显，后者的误差大得多。如果试样中铁质量分数为 0.50%，用重铬酸钾法滴定无法进行，也就是说方法的灵敏度达不到。而分光光度法，尽管方法相对误差为±2%，但质量分数低，其分析结果绝对误差低，为 0.02×0.50%=0.01%，测得的范围为 0.49%~0.51%，这样的结果是符合要求的。

2. 减小测量误差

为了保证分析测试结果的准确度，必须尽量减小测量误差。例如，在分析滴定中，用碳酸钠基准物标定 0.2mol/L HCl 标准溶液，分析步骤中先是用分析天平称取碳酸钠的质量，然后读出滴定管滴出的 HCl 溶液的体积。

分析天平的一次称量误差为±0.0001g，采用递减法称量两次，为使称量时相对误差小于 0.1%，称量质量不能太小，至少应为：

$$试样质量=绝对误差/相对误差=\frac{(2\times 0.0001\text{g})}{0.1\%}=0.2\text{g}$$

滴定管的一次读数误差为±0.01mL，在一次滴定中，需要读两次。为使滴定时相对误差小于 0.1%，消耗的体积至少应为：

$$滴定体积=\frac{(2\times 0.01\text{mL})}{0.1\%}=20\text{mL}$$

所以，为了减小称量和滴定的相对误差，在实际工作中，称取碳酸钠基准物质量为 0.25~0.35g，使滴定体积在 30mL 左右。

应该指出，不同的分析方法准确度要求不同，应根据具体情况来控制各测量步骤的误差，使测量的准确度与分析方法的准确度相适应。例如，用分光光度法测定微量组分，方法的相对误差为±2%，若称取 0.5g 试样时，试样的称量误差小于 0.5×（±2/100）=±0.01（g）就行了，没有必要像滴定分析法那样强调称准至±0.0001g。但是，为了使称量误差可以忽略不计，最好将称量的准确度提高约一个数量级，称准至±0.001g。

此外，在比色分析中，样品浓度与吸光度之间往往只在一定范围内呈线性关系，分光光度计读数时也只有在一定吸光度范围内才准确。这就要求测定时样品浓度在这个线性范围内，并且读数时应尽可能在这一范围内，以提高准确度。可以通过增减取样量或改变稀释倍数等来达到这一目的。

3. 增加平行测定次数，减小随机误差

由前面的讨论可知，在消除了系统误差的前提下，平行测定次数越多，平均值越接近真实值。因此，增加平行测定次数可减小随机误差，但测定次数过多，工作量加大，随机误差减小不大，故一般分析测试，平行3~4次即可。

4. 消除测量过程中系统误差

在分析工作中，有时平行测定结果非常接近，分析的精密度很高，但用其他可靠方法检查后，发现分析结果准确度并不高，这可能就是因为分析中产生了系统误差。因此，在分析工作中必须十分重视系统误差的消除。系统误差产生的原因是多方面的，可根据具体情况采用不同的方法来检验和消除系统误差。

一般采用对照试验来检验分析过程中有无系统误差。对照试验有以下几种类型。

（1）选择组成与试样组成相近的标准试样进行分析，将测定结果与标准值比较，用 t 检验法来确定是否存在系统误差。

由于标准试样的数量和品种有限及价格因素，所以一些单位自制了一些“管理样”，以此代替标准试样进行对照分析。管理样事先经过反复多次分析，其中各组分的含量也是比较可靠的。此外，有时也可以自行配制“人工合成试样”来进行对照分析，它是根据试样的大致成分由纯化合物配制而成。配制时，要注意称量准确，混合均匀，以保证被测组分含量的准确性。

（2）采用标准方法和所选方法同时测定某一试样，用 F 检验法和 t 检验法来判断是否存在系统误差。这里的标准方法一般是国家颁布的标准分析方法或公认的经典分析方法。

（3）如果对试样的组成不完全清楚，则可以采用加入回收法进行对照试验。即取两份等量的试样，向其中一份加入已知量的被测组分进行平行试验，看看加入的被测组分是否定量地回收，根据回收率的高低可检验分析方法的准确度，并判断分析过程是否存在系统误差。

（4）采用训练有素的分析人员的分析结果来做对照，找出其他分析人员的习惯性操作失误所产生的系统误差。

若通过以上对照试验，确认有系统误差存在，则应设法找出产生系统误差的原因，根据具体情况，采用下列方法加以消除。

（1）做空白试验消除试剂、去离子水带进杂质所造成的系统误差　即在不加试样的情况下，按照试样分析操作步骤和条件进行试验，所得结果称为空白值。从试样测试结果中扣除此空白值，就得到比较可靠的分析结果。

（2）校准仪器以消除仪器不准确所引起的系统误差　如对砝码、移液管、滴定管、容量瓶等进行校准。

（3）标定溶液　分析中所用的各种标准溶液（尤其是容易变化的试剂）应按规定定期标定，以保证标准溶液的浓度和质量。

（4）测定结果的校正　例如，在钢铁分析中用 Fe^{2+} 标准溶液滴定钢铁中铬时，钒也一起被滴定，产生正系统误差，可选用其他适当的方法测定钒，然后以每1%钒相当于0.34%铬进行校正，从而得到铬的正确结果。此外，还可以用上面所介绍的加入回收法测定回收率，利用所得的回收率对样品的分析结果加以校正。

5. 标准曲线的回归

在用比色法、荧光法、色谱法等进行分析时，常需配制具有一定梯度的标准系列，测定其参数（吸光度、荧光强度、峰高等），绘制参数与浓度之间的关系曲线，称为标准曲线。在正常情况下，标准曲线应该是一条穿过原点的直线。但在实际测定中，常出现偏离直线的情况，此时可用最小二乘法求出该直线的方程，就能最合理地代表此标准曲线。

用最小二乘法计算回归方程的公式如下：

$$y = bx + a \tag{10-1}$$

$$b = \frac{\sum (x - \bar{x})(y - \bar{y})}{\sum (x - \bar{x})^2} = \frac{n\sum xy - \sum x \sum y}{n\sum x^2 - (\sum x)^2} \tag{10-2}$$

$$a = \bar{y} - b\bar{x} = \frac{\sum x^2 \sum y - \sum xy \sum x}{n\sum x^2 - (\sum x)^2} \tag{10-3}$$

$$r = \frac{\sum (x_i - \bar{x})(y_i - \bar{y})}{\sqrt{\sum (x_i - \bar{x})^2 - \sum (y_i - \bar{y})^2}} = \frac{n\sum xy - \sum x \sum y}{\sqrt{\left[n\sum x^2 - (\sum x)^2\right]\left[n\sum y^2 - (\sum y)^2\right]}} \tag{10-4}$$

式中 n——测定点的次数；

x——各点在横坐标上的值（自变量）；

y——各点在纵坐标上的值（因变量）；

b——直线斜率；

a——直线在 y 轴上的截距；

$\bar{x}$——x 的平均值；

$\bar{y}$——y 的平均值；

x_i，y_i——第 i 次的测定值；

r——线性相关系数。

其中相关系数 r 要进行显著性检验，以检验分析结果的线性相关性。

利用这种方法不仅可以求出平均的直线方程，还可以检验结果的可靠性。实际上可以直接应用回归方程进行测定结果的计算，而不必根据标准曲线来计算。

第二节 分析测试中的质量保证

质量保证是为了提供足够的信任表明实体能够满足质量要求，而在质量体系中实施并根据需要进行证实的全部有计划和有系统的活动。所以分析测试中的质量保证是为了使分析测试结果更好地反映真实值，其具体目的是把分析中的误差控制在允许的限度内，保证测量结果的精密度和准确度，使分析数据在给定的置信水平内，有把握达到所要求的质量。

一般分析测试活动是在实验室中进行的，所以分析测试中的质量保证包括实验室内部质量保证和实验室外部质量保证。其中质量保证活动包括质量控制和质量评定两方面的内容。质量控制是指为使测量达到质量要求所需遵循的步骤，而质量评定是指用于检验质量控制系统处于允许限度内的工作和评价数据质量的步骤。

一、实验室内部质量保证

（一）实验室内部质量控制

质量控制是质量保证中的核心部分，实验室内部质量控制是保证实验室提供可靠分析结果的关键，也是保证实验室间（实验室外部）质量控制顺利进行的基础。

实验室内部质量控制技术包括从试样的采集、预处理、分析测定到数据处理的全过程的控制操作和步骤。质量控制的基本环节有：人员素质、仪器设备、实验室环境、采样及样品处理、试剂及原材料、测量方法和操作规程、原始记录和数据处理、技术资料及必要的检查程序等。

1. 人员素质

分析人员的能力和经验是保证分析测试质量的首要条件。随着现代分析仪器的应用，对人员的专业水平要求更高。实验室应按合理的比例配备高、中和初级技术人员，各自承担相应的分析测试任务，还要有一位既有一定的理论基础，又有丰富工作经验的负责质量保证的实验室管理人员。实验室工作人员必须具有一定的化学知识并经过专门培训，还要不断地对各类人员继续进行业务技术培训，并为每一位工作人员建立技术业务档案，包括学历、能承担的分析任务项目、撰写的论文与技术资料、参加的学术会议、专业培训与资格证明、工作成果、考核成绩、奖惩情况等。这些个人技术业务档案不仅是对个人业务能力的考核，也是显示本实验室水平的重要基础，是社会认可本实验室的重要依据。

2. 仪器设备

仪器设备是实验室不可缺少的重要的物质基础，是开展分析工作的必要条件。分析检测结果成功与否，常与使用的仪器设备密切相关。当前，专门的仪器设备正在迅速地替代通用设备。因此，某些种类的分析检测就只能在有这些仪器设备的实验室中进行。

实验室的仪器设备必须适应实验室的任务要求，与其业务范围相适应。应根据实验室任务的需要选择合适的仪器设备，没有必要盲目地追求仪器设备的档次。不应购进备而不用的仪器设备。

当然，要产生质量好的数据，只有合适的仪器设备是不够的，还必须正确地使用和保养好这些仪器设备，使仪器设备产生误差的因素处于控制之下，才能得到合乎质量要求的数据。详细规定和操作可参阅有关实验室工作手册。

3. 实验室管理

（1）组织管理与质量管理的 9 项制度　①技术资料档案管理制度，要经常注意收集本行业和有关专业的技术性书刊和技术资料，以及有关字典、辞典、手册等必备的工具书，这些资料在专柜保存，由专人管理，负责购置、登记、编号、保管、出借、收回等工作；②技术责任制和岗位责任制；③检验实验工作质量的检验制度；④样品管理制度；⑤设备、仪器的使用、管理、维修制度；⑥试剂、药品以及低值易耗品的使用管理制度；⑦技术人员考核、晋升制度；⑧实验事故的分析和报告制度；⑨安全、保密、卫生、保健等制度。

（2）实验室环境管理　①实验室的环境应符合装备技术条件所规定的操作环境的要求，如要防止烟雾、尘埃、震动、噪声、电磁、辐射等可能的干扰；②保持环境的整齐清洁。除有特殊要求外，一般应保持正常的气候条件；③仪器设备的布局要便于进行操作和记录测试结果，并便于仪器设备的维修。

（3）文件和记录管理　在实验室分析过程中测试的方法、步骤、程序、注意事项、注释、修改的内容以及测试结果和报告等都要有文字记载，装订成册，以供使用与引用。对所采用的测试方法要进行评定。

①对原始记录的要求：原始记录是对检测全过程的现象、条件、数据和事实的记载。原

始记录要做到记录齐全、反映真实、表达准确、整齐清洁。记录要用编有页码的记录本或按规定印制的原始记录单，不得用白纸或其他记录纸替代；原始记录不准用铅笔或圆珠笔书写，也不准先用铅笔书写后再用墨水笔描写；原始记录不可重新抄写，以保证记录的原始性；原始记录不能随意涂改或销毁，必须涂改的数据，涂改后应签字盖章，正确的数据写在涂改数据的上方。检验人员要签名并注明日期，负责人要定期检查原始记录并签上姓名与检查日期。

②对实验报告的要求：要写明实验依据的标准；实验结论意见要清楚；实验结果与依据的标准及实验要求进行比较；样品有简单的说明；实验分析报告要写明测试分析实验的全称、编号，委托单位或委托人，交样日期，样品名称，样品数量，分析项目，分析实验室实验人员、审核人员、负责人等签字和日期，报告页数。

③收取试样的登记：试样要编号并妥善保管一定时间。试样应贴有标签，标签上记录编号、委托单位、交样日期、实验人员、实验日期、报告签发日期以及其他简要说明。

4. 技术资料

实验室的技术资料需妥善保存以备用，这些资料主要有：①测试分析方法汇编；②原始数据记录本及数据处理；③测试报告的复印件；④实验室的各种规章制度；⑤质量控制图；⑥考核样品的分析结果报告；⑦标准物质、盲样；⑧鉴定或审查报告、鉴定证书；⑨质量控制手册、质量控制审计文件；⑩分析试样需编号保存一定时间，以便查询或复检；⑪实验室人员的技术业务档案。

（二）实验室内部质量评定

质量评定是对分析过程进行监督的方法。实验室内部质量评定是在实验室内由本室工作人员所采取的质量保证措施，它决定即时的测定结果是否有效及报告能否发出。主要目的是监测实验室分析数据的重复性（即精密度）和发现分析方法在某一天出现的重大误差，并找出原因。

实验室内部的质量评定可采用下列方法：

（1）用重复测试样品的方法来评价测试方法的精密度。

（2）用测量标准物质或内部参考标准中组分的方法来评价测试方法的系统误差。

（3）利用标准物质，采用交换操作者、交换仪器设备的方法来评价测试方法的系统误差，可以评价该系统误差是来自操作者还是来自仪器设备。

（4）利用标准测量方法或权威测量方法与现用的测量方法测得的结果相比较，可用来评价方法的系统误差。

二、实验室外部质量保证

实验室外部质量保证是在实验室内部质量保证的基础上，检验实验室内部质量保证的效果，发现与消除系统误差，使分析结果具有准确性与可比性。外部质量保证措施是发现和消除本实验室监测工作各环节的系统误差，提高工作水平，确保监测结果的准确性、科学性和可比性的必要手段。一般这两类质量保证和质量控制是穿插进行的，特别是对于在全国范围内普遍开展的分析监测工作，仅仅依靠实验室内部的质量保证是不够的，必须建立一个良好的外部质量保证和控制体系，定期对全国各实验室分析数据实施外部质量控制和质量评定。例如，为确保某一全国性的分析检测质量，可自上而下地建立一个质量保证体系，在省级范围内每年开展 1~2 次外部质量控制和质量评定，使各实验室的日常分析工作保质保量地进行。

（一）实验室外部质量控制

实验室外部质量控制措施主要包括以下内容。

（1）加强信息交流，注意国际国内有关分析标准、规范、方法和理论、概念的变化，及时使用分析工作新的国家、行业标准和规定。

（2）广泛收集国际国内权威机构公布的各种技术参数。在分析工作中应该选用法定的、通用的、可靠的参数。

（3）积极参加各种分析比对。对业已成熟的分析项目，原则上规定参加国际国内比对及参加区域性或实验室之间比对不少于每年一次。对于条件尚不成熟的项目应积极参加区域性或实验室之间的比对。比对的方式可以分为仪器比对、方法比对和同类仪器相同方法的技术比对。通过比对结果的分析，寻找原因、总结经验，提高分析质量。

（4）接受权威机构组织的检查考核。考核可以是对整个分析工作的全面检查，而不仅仅是对分析结果的比较。如国家市场监督管理相关部门组织的定期和不定期的计量认证检查。

（5）抽取一定比例的样品送权威实验室外检。对于大样本的分析项目，这是保证总体分析质量的必要手段。

（6）对于本实验室的标准物质和器具，包括标准物质、仪器、仪表、容器等必须定期进行检定或校验，保证量值溯源的可靠性。

（二）实验室外部质量评定

实验室外部质量评定是多家实验室分析同一样本并由外部独立机构收集和反馈实验室上报结果、评价实验室能力的过程。外部质量评定的主要目的是测定一实验室的结果与其他实验室结果之间存在的差异（偏差），建立实验室间测定的可比性，是对实验室测定结果的回顾性评价。分析质量的外部评定是很重要的，可以避免实验室内部的主观因素，评价分析系统的系统误差的大小；它是实验室水平鉴定、认可的重要手段。

实验室外部质量评定主要用途包括以下几个方面：评价实验室的分析能力；监控实验室可能出现的技术问题；改正存在的问题；改进分析能力、实验方法和与其他实验室的可比性；教育和训练实验室工作人员；作为实验室质量保证的外部监督工具。

外部质量评定可采用实验室之间共同分析一个试样、实验室间交换试样以及分析从其他实验室得到的标准物质或质量控制样品等方法。

标准物质为比较分析系统和比较各实验室在不同条件下取得的数据提供了可比性的依据，它已被广泛认可为评价分析系统最好的考核样品。

由主管部门或中心实验室每年一次或两次把考核样品（常是标准物质）发放到各实验室，用指定的方式对考核样品进行分析测试，可依据标准物质的标准值及其误差范围来判断和验证各实验室分析测验的能力与水平。

用标准物质或质量控制样品作为考核样品，对包括人员、仪器、方法等在内的整个测量系统进行质量评定，最常用的方法是采用“盲样”分析。盲样分析有单盲和双盲两种。所谓单盲分析是指考核这件事是通知被考核的实验室或操作人员的，但考核样品真实组分含量是保密的。所谓双盲分析是指被考核的实验室或操作人员根本不知道考核这件事，当然更不知道考核样品组分的真实含量。双盲考核的要求要比单盲考核高。

如果没有合适的标准物质作为考核样品，可由管理部门或中心实验室配制质量控制样品，发放到各实验室。由于质量控制样品的稳定性（均匀性）都没有经过严格的鉴定，又没有准确的标准值，在评价各实验室数据时，管理部门或中心实验室可以利用自己的质量控制图。其控制图中的控制限一般要大于内部控制图的控制限。因为各实验室使用了不同的仪器、试剂、器皿等，实验室之间的差异总是大于一个实验室范围内的差异。如果从各实验室能得到足够多的数据时，也可以根据置信区间来评价各实验室的分析测试质量水平，还可以从各实验室之间的控制图来进行评价。

三、质量控制图

近年来质量控制图越来越多地被用来控制与评估分析测试的质量。质量控制图建立在实验数据分布接近于正态分布（高斯分布）的基础上，把分析数据用图表形式表现出来，纵坐标为测量值，横坐标为测量值的次序（次数）。

过去人们采用假定是精确的分析方法来检查样品的变异性，评估分析测试的结果。目前，则是用组成均匀、稳定的与试样基体相似的标准物质来检查分析方法的变异性，评估与控制分析测试的质量。

（一）质量控制图的作用

质量控制图有三个作用：

（1）质量控制图是分析系统性能的系统图表记录，可用来证实分析系统是否处于统计控制状态之中，并可以找出质量变化的趋势。

（2）质量控制图是对分析系统中存在的问题找出原因的有效方法。

（3）质量控制图可积累大量的数据，从而得到比较可靠的置信限。

（二）质量控制图的分类

质量控制图的形式有 x（测量值）质量控制图、$\bar{x}$（平均值）质量控制图和 R（极差）质量控制图等。

1. x 质量控制图

这种控制图的纵坐标为测量值，横坐标为测量值的次序。中线可以是以前测量值的平均值，也可以是标准物质的标准值（即总体平均值）μ，其警戒限和控制限分别如下。

警戒限（线）：警戒上限（线）$\bar{x} + 2s$（或 2σ）

警戒下限（线）$\bar{x} - 2s$（或 2σ）

控制限（线）：控制上限（线）$\bar{x} + 3s$（或 3σ）

控制下限（线）$\bar{x} - 3s$（或 3σ）

注：s 为标准偏差，σ 为总体标准偏差。

分析测试中测量值的平均值 $\bar{x}$ 与标准物质的标准值之间不完全相等，这是正常的。但两者之间的差异不能太大。如果标准物质的标准值落在平均值与警戒限之间一半高度以外，即（$\bar{x} - \mu$）$> 1s$ 时，说明分析系统存在明显的系统误差，这是不能允许的，此时的控制图不予成立。应该重新检查方法、试剂、器皿、操作、校准等各个方面，找出误差原因之后，采取纠正措施，使平均值尽可能地接近标准物质的给出值。

为了画好一张质量控制图，首先必须要有稳定、均匀、具有与分析试样相似基体的标准物质。通常标准物质价格较高，而且为了确保标准物质的稳定性，还必须保存在低温、惰性气体、避光或湿度控制的条件下。因此，它不用于常规分析。常规质量控制时是用一定浓度的分析物来配制液态基体作为质量控制样品。

其次，必须用同一方法对同一标准物质（或质量控制样品）至少测定 20 个结果，而且这 20 个结果不能是同一次测定得到的，应是多次测定积累起来的。一般推荐的方法是，每分析一批样品插入一个标准物质，或者在分析大批量的样品时间隔 10～20 个样品插入一个标准物质，待标准物质的分析数据积累到 20 个时，求出这 20 个测量值的平均值 $\bar{x}$ 和标准偏差 s。质量控制图上纵坐标为各次测量值，水平实线对应于平均值 $\bar{x}$，水平虚线对应于标准物质的标准值 μ，横轴为测定标准物质的次序。1 代表第 1 个标准物质的测量值，2 代表第 2 个标准物质的测量值……。接着，画以 $\bar{x} \pm 2s$ 为警戒限的水平虚线，和画以 $\bar{x} \pm 3s$ 为控制限的水平实线，即得质量控制图。

例 1：用某标准方法分析还原糖质量浓度为 0.250mg/L 的标准物质溶液，得到下列 20 个分析结果：0.251，0.250，0.250，0.263，0.235，0.240，0.260，0.290，0.262，0.234，0.229，0.250，0.283，0.300，0.262，0.270，0.225，0.250，0.256，0.250（mg/L）。

上述数据求得平均值 $\bar{x}$ = 0.256mg/L；

标准偏差 s = 0.020mg/L；

标准物质标准值 μ = 0.250mg/L；

控制限 $\bar{x} \pm 3s$ = (0.256±0.060) mg/L；

警戒限 $\bar{x} \pm 2s$ = (0.256±0.040) mg/L。

按前文所述方法画出的质量控制图如图 10-2 所示。

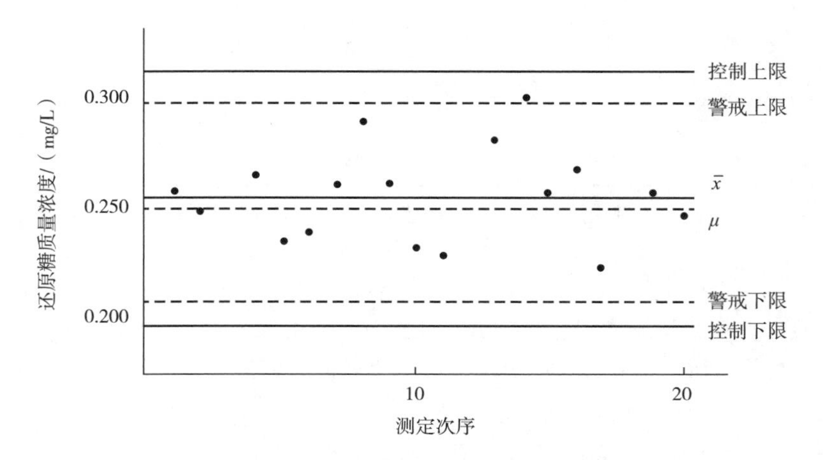

图 10-2　溶液中还原糖质量浓度分析数据的质量控制图

控制图在使用过程中，随着标准物质（或质量控制样品）测定次数的增加，在适当的时间（通常再次累积到与先前建立控制图的测定次数差不多时），将以前用过的和随后陆续累积的测定数据再重新合并计算，确定控制限，画出新的控制图。以此类推地进行下去。随着测定次数的增加，平均值的变化可能不大，而标准偏差 s 和总体标准偏差 σ 趋向一致，警戒限和控制限也将逐渐地靠拢。这样确定的控制限不仅包括过去的测量值，而且还包括目前的测量值，能较真实地反映分析系统的特性与确定分析系统的置信限。

2. $\bar{x}$ 质量控制图

$\bar{x}$ 质量控制图的画法与 x 质量控制图的画法相似。在 $\bar{x}$ 质量控制图中，中线为 $\bar{x}$ 值，警戒限为 $\bar{x} \pm \frac{2}{3}(A_2\bar{R})$，控制限为 $\bar{x} \pm A_2\bar{R}$。其中：$\bar{R}$ 为极差的数学平均值；A_2 为计算 3σ 控制限的参数值，如表 10-2 所示。

表 10-2　　计算 3σ 控制限的参数值

样品测定数 n	$\bar{x}$ 图的控制参数 A_2	R 图的控制参数		样品测定数 n	$\bar{x}$ 图的控制参数 A_2	R 图的控制参数	
		D_3	D_4			D_3	D_4
2	1.880	0	3.267	13	0.249	0.308	1.692
3	1.023	0	2.575	14	0.235	0.329	1.671
4	0.729	0	2.282	15	0.223	0.348	1.652
5	0.577	0	2.115	16	0.212	0.364	1.636
6	0.483	0	2.004	17	0.203	0.379	1.621
7	0.419	0.076	1.924	18	0.194	0.392	1.608
8	0.373	0.136	1.864	19	0.187	0.404	1.596
9	0.337	0.184	1.816	20	0.180	0.414	1.586
10	0.308	0.223	1.777	21	0.173	0.425	1.575
11	0.285	0.256	1.744	22	0.167	0.434	1.566
12	0.266	0.286	1.716	23	0.162	0.443	1.557

注：A_2、D_3、D_4 是基于子组大小的休哈特控制常数。

$\bar{x}$ 质量控制图与 x 质量控制图相比有两个优点：① $\bar{x}$ 质量控制图对非正态分布是很有用的，当平行测量次数足够多时，非正态分布的平均值基本上是遵循正态分布的；② $\bar{x}$ 值是 n 个测量值的平均值，所以不受单个测量值的影响，即使有偏离较大的单个测量值存在，影响也不大。

$\bar{x}$ 质量控制图比 x 质量控制图更为稳定。但 $\bar{x}$ 质量控制图有增加测定次数、增加成本的缺点。

3. R 质量控制图

对于常规的大量分析，由于成分、分析物或基体的不稳定性和其他原因难于获得合适的标准物质。在缺乏质量控制标准物质的情况下，R 质量控制图是测试分析质量控制的主要方法。

R 质量控制图的绘制步骤：周期地将样品一分为二，平行测定一系列样品中被分析物浓度。测定 20 个样品左右，计算极差 R（这里实际上是两个测量值之差）。每个样品可进行两次以上的平行测定，但考虑到实际情况、经济效益等，一般平行测定只做两次，然后计算极

差的平均值 $\overline{R}$。

在 R 质量控制图中，中线为 $\overline{R}$ 值，警戒上限（线）为 $\frac{2}{3}(D_4\overline{R}-\overline{R})$，控制上限（线）为 $D_4\overline{R}$，控制下限（线）为 $D_3\overline{R}$。D_3、D_4 参数可由表 10-2 查出。

例 2：积累 20 对平行测定的数据（%）如表 10-3 所示。

表 10-3 积累 20 对平行测定的数据

测定次序	x_i	x_i'	平均值 $\overline{x_i}$	极差 R_i	测定次序	x_i	x_i'	平均值 $\overline{x_i}$	极差 R_i
1	0.501	0.491	0.496	0.010	11	0.523	0.516	0.520	0.007
2	0.490	0.490	0.490	0.000	12	0.500	0.512	0.506	0.012
3	0.479	0.482	0.480	0.003	13	0.513	0.503	0.508	0.010
4	0.520	0.512	0.516	0.008	14	0.512	0.497	0.504	0.015
5	0.500	0.490	0.495	0.010	15	0.502	0.500	0.501	0.002
6	0.510	0.488	0.499	0.022	16	0.506	0.510	0.508	0.004
7	0.505	0.500	0.502	0.005	17	0.485	0.503	0.494	0.018
8	0.475	0.493	0.484	0.018	18	0.484	0.487	0.486	0.003
9	0.500	0.515	0.508	0.015	19	0.512	0.495	0.504	0.017
10	0.498	0.501	0.500	0.003	20	0.509	0.500	0.504	0.009
						$\sum_{i=1}^{n}\overline{x_i}=10.005$，$\sum_{i=1}^{n}R_i=0.191$			

$$平均值\ \overline{x}=\frac{10.005}{20}=0.500$$

$$平均极差\ \overline{R}=\frac{0.191}{20}=0.0096\approx 0.010$$

由表 10-2 中查得 $n=2$ 时的 $A_2=1.880$，$D_3=0$，$D_4=3.267$。可计算出 $\overline{x}$ 质量控制图的：

$$控制限\ \overline{x}\pm A_2\overline{R}=0.500\pm 0.018$$

$$警戒限\ \overline{x}\pm\frac{2}{3}(A_2\overline{R})=0.500\pm 0.012$$

另外，可计算 R 质量控制图的：

$$控制上限\ D_4\overline{R}=0.033$$

$$控制下限\ D_3\overline{R}=0.000$$

$$警戒上限为\ \frac{2}{3}(D_4\overline{R}-\overline{R})=0.025$$

根据上述数据可画出 $\overline{x}$ 质量控制图（图 10-3）和 R 质量控制图（图 10-4）。

（三）质量控制图的使用

在制得质量控制图之后，日常分析中把标准物质（或质量控制样品）与试样在同样条件下进行分析测定。

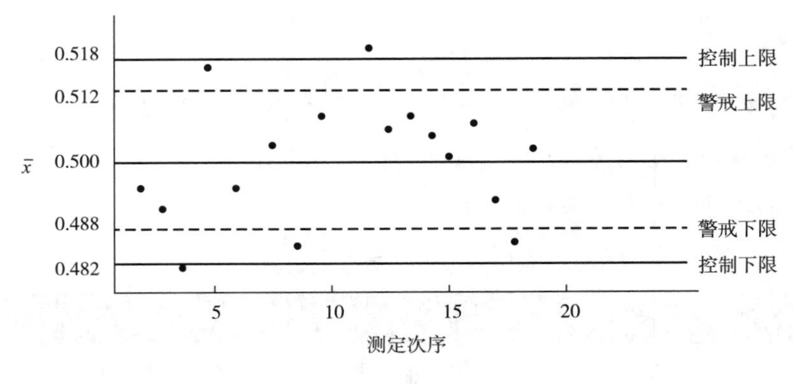

图 10-3 $\bar{x}$ 质量控制图

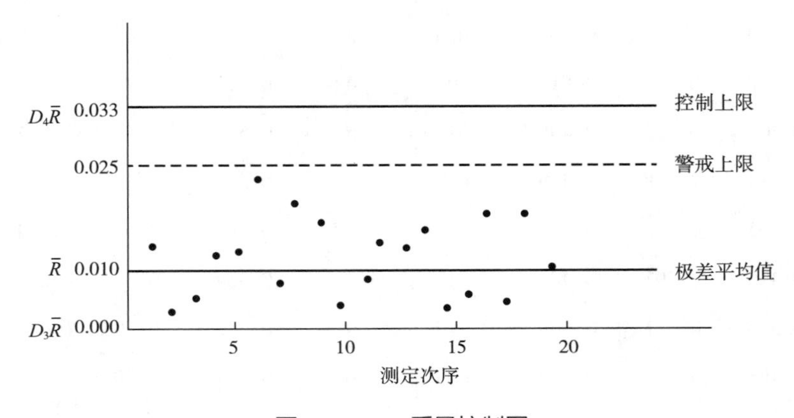

图 10-4 R 质量控制图

如果标准物质（或质量控制样品）的测定结果落在警戒限之内，说明测量系统正常，试样测定结果有效。如果标准物质（或质量控制样品）的测定结果落在控制限之内，但又超出警戒限时，试样测定结果仍应认可。这种情况是可能发生的，因为 20 次测定中允许有一次超出警戒限。假如超出警戒限的频率远低于或高于 5%，说明警戒限的计算有问题，或者分析系统本身的精密度得到了提高或恶化。

如果标准物质（或质量控制样品）的测定结果落在控制限之外，说明该分析系统已脱离控制了，不再处于统计控制状态之中。此时的测定结果无效，应该立即查找原因，采取措施，加以纠正，再重新进行标准物质（或质量控制样品）的测定，直到测定结果落在质量控制限之内，才能重新进行未知样品的测定。如果脱离控制后，未能找到产生误差的原因，用标准物质（或质量控制样品）再测定校正一次。结果正常了，那么可认为上次测定结果超出控制限是由于偶然因素或可能是某种操作错误引起的。

有关质量控制图的一个重要实际问题是分析标准物质的次数问题。根据经验表明，假如每批试样少于 10 个，则每批试样应加入分析一个标准物质。假如每批试样多于 10 个，每分析 10 个试样至少应分析一个标准物质。

质量控制图在连续使用过程中，除了单个判断分析系统是否处于统计控制状态，还要在总体点的分布和连续点的分布上，对测量系统是否处于统计状态作出判断。

（1）数据点应均匀分布于中线的两侧，如果在中线的某一侧出现的数据点明显多于另一侧，则说明测量系统存在问题。

（2）如果有2/3的数据点落在警戒限之外，则测量系统存在问题。

（3）如有7个数据点连续出现在中线一侧时，说明测量系统存在问题。根据概率论，连续出现在一侧有7个点的可能性仅为1/128。

（四）质量控制图用于寻找发生脱离控制的原因

由于质量控制图积累了大量数据，从趋势的变化上有助于找到发生脱离统计控制的原因。

如图10-5所示，在x控制图上的数据点尽管均在控制限之内，但有部分数据点较分散，常常超过警戒线，而且较集中于某段时间内。经分析，把数据点分成白天和晚上两个小组，几个循环下来，可以看出晚上测定精度不如白天的好。然后找出原因，是由于晚上的温度控制不及白天好。于是采取了加强晚上温度控制的校正措施之后，晚上的测定精度得到了提高，控制图中的数据点分布又趋于正常了。

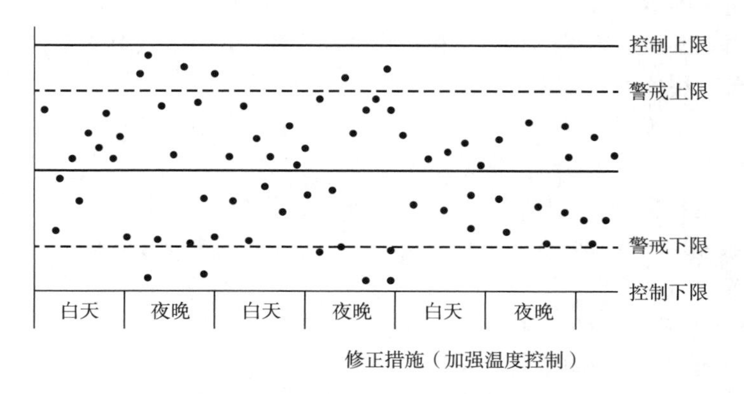

图10-5 x控制图中数据点随时间变化的情况

又如图10-6所示，在x控制图上发现数据点有一段突然向上偏移（图10-6的中段数据点）。这部分数据点的精密度尚好，但数值突然增大了许多。经多方寻找原因，原来是原有的质量控制样品被污染了。换了新的质量控制样品后，数据点又恢复正常了。

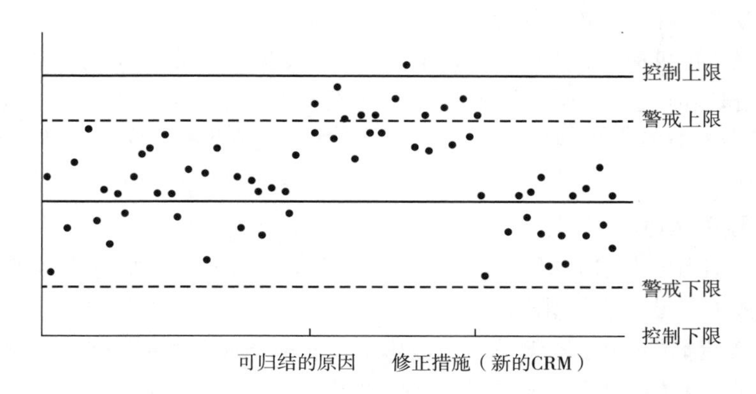

图10-6 x控制图上发现数据突然偏高情况

CRM：检定的参考物质（指标准物质或质量控制样品，certifed reference material）。

（五）质量控制图的应用范例

分析测试中质量控制图的应用广泛，现举例介绍如下。

（1）标准物质的质量控制图　它可对分析系统作周期性的检查，以确定测定的准确度和精密度的情况。

（2）质量控制样品的质量控制图　它可对分析系统的稳定性作定期检查，以确定分析系统的精度情况。此时可不必需要质量控制样品组分的准确含量。

（3）平行样品的质量控制图　它可对分析系统的稳定性作检查，以确定测定的精度情况。此时也可不需要样品的组分准确含量。

（4）典型实验溶液的质量控制图　由于实验溶液制备容易，又不包括样品处理步骤，因此它不能检查整个系统过程的稳定性，而只能检查仪器的稳定性，可以确定分析仪器的精度情况。

（5）仪器工作特性的质量控制问题　例如，对分光光度计的滤光片透过率做控制图，可检查滤光片透过率的精度情况。

（6）对操作者做的控制图　可以考核操作者操作的稳定性，尤其对新参加分析工作人员的考核检查十分有用。

（7）工作曲线斜率的控制图　可以对仪器的性能进行检验。例如，对分光光度计上吸光度与浓度工作曲线的斜率作分析是常见的控制图。

（8）校正点的控制图　例如，在某个校正点上重复测定，以检验工作曲线的可靠性。

（9）空白控制图　在痕量和超痕量分析中，扣除空白是非常重要的，只有建立空白控制图才能正确扣除空白。

（10）对关键操作步骤的控制图。

（11）对回收率做的控制图。

四、实验室认可

实验室认可是指权威机构给予某实验室具有执行规定任务能力的正式承认。继产品质量体系认证之后，实验室的认可制度日益受到重视，并日趋完善。随着国际贸易自由化程度的提高，各国要求加快消除贸易壁垒，特别是技术壁垒，以形成全球统一的市场。因而，各国实验室认可活动的国际化趋势已提到了显著的位置。

目前，我国认可机构只有中国合格评定国家认可委员会（英文缩写为 CNAS），是由国家认证认可监督管理委员会（CNCA）批准设立并授权的国家认可机构，其主要职能是根据《中华人民共和国认证认可条例》的规定，统一负责对认证机构、实验室和检验机构等相关机构的认可工作。

（一）实验室认可的目的

（1）向社会各界证明获准认可实验室（主要是提供校准、检验和测试服务的实验室）的体系和技术能力满足实验室用户的需要。

（2）促进实验室提高内部管理水平、技术能力、服务质量和服务水平，增强竞争能力，使其能公正、科学和准确地为社会提供高信誉的服务。

（3）减少和消除实验室用户（第二方）对实验室进行的重复评审或认可。

（4）通过国与国之间的实验室认可机构签订相互承认协议（双边或多边互认）来达到

对认可的实验室出具证书或报告的相互承认，以此减少重复检验，消除贸易技术壁垒，促进国际贸易。

（二）实验室认可规则适用范围

中国合格评定国家认可委员会依据国家相关法律法规和国际规范开展认可工作，遵循的原则是：客观公正、科学规范、权威信誉、廉洁高效。认可规则是 CNAS 认可工作公正性和规范性的重要保障，依据 CNAS《中国合格评定国家认可委员会章程》制定。实验室认可规则是 CNAS 检测实验室、校准实验室、司法鉴定/法庭科学机构（简称鉴定机构）、医学实验室等认可活动相关方应遵循的规则。

（三）引用文件

（1）《中国合格评定国家认可委员会章程》。

（2）GB/T 27000《合格评定　词汇和通用原则》（ISO/IEC 17000）。

（3）ISO/IEC 17011《合格评定——认可机构通用要求》。

（4）CNAS-R01《认可标识和认可状态声明管理规则》。

（5）CNAS-R02《公正性和保密规则》。

（6）CNAS-R03《申诉、投诉和争议处理规则》。

（7）CNAS-RL02《能力验证规则》。

（8）CNAS-RL03《实验室和检验机构认可收费管理规则》。

（9）CNAS-RL04《境外实验室和检验机构受理规则》。

（四）实验室认可的程序

实验室认可分为 3 个主要阶段：申请阶段、评审阶段、认可阶段。

（1）申请阶段　申请人可以用任何方式向 CNAS 秘书处表示认可意向，如来访、电话、传真以及其他电子通讯方式等。申请人需要时，CNAS 秘书处确保其能够得到最新版本的认可规范和其他相关文件。申请人在自我评估满足认可条件后，按 CNAS 秘书处的要求提供申请资料，并交纳申请费用。CNAS 秘书处审查申请人提交的申请资料，作出是否受理的决定并通知申请人。

（2）评审阶段　一般情况下，CNAS 秘书处在受理申请后，应在 3 个月内安排评审。CNAS 秘书处受理申请后，将安排评审组长审查申请材料，只有当文件评审结果基本符合要求时，才可安排现场评审；必要时，CNAS 秘书处将安排预评审以确定能否安排现场评审。CNAS 秘书处以公正性原则，根据申请人的申请范围组建具备相应技术能力的评审组，并征得申请人同意，除非有证据表明某评审员有影响公正性的可能，否则申请人不得拒绝指定的评审员。

（3）认可阶段　CNAS 秘书处接到现场评审组长提交的评审资料（含实验室整改报告）后，将有关资料提交评定专门委员会，评定专门委员会作出是否认可的评定结论，CNAS 秘书长或授权人根据评定结论作出认可决定，CNAS 秘书处向获准认可实验室颁发认可证书。

第三节 实验方法评价

随着科学技术的不断发展，检验方法不断更新，评价检验方法的标准也逐步建立和完善起来。这些评价标准主要是准确度、精密度、检测限以及费用与效益。

一、评价指标

（一）准确度

准确度是指在一定条件下，多次测定的平均值与真实值相符合的程度。准确度通常用绝对误差或相对误差表示。

在实际工作中，一般在试样中添加已知标准物质量作为真值，并以回收率表示准确度。即：

$$P = \frac{X_1 - X_0}{m} \times 100\% \tag{10-5}$$

式中 P——加入标准物质的回收率；

X_1——加标样品测定值；

X_0——试样本底测定值；

m——加入标准物质的质量，g。

式（10-5）中的本底值 X_0，其测定精密度所显示误差是反映随机误差，加入标准物质的质量 m，其测定误差反映了系统误差。所以，回收率是两种误差的综合指标，能决定方法的可靠性。对回收率的数值要求是比较复杂的问题，依分析测定方法难易和不同类型的分析方法而变化。一般 10^{-6} 级应在 90%以上，10^{-9} 级如荧光法测定苯并芘在 80%，比较繁杂的方法 70%即可，但最低不能小于 70%。

（二）精密度

精密度是指多次重复测定某一样品时，所得测定值的离散程度。精密度通常用标准差或相对标准差来表示。

重复测定的精密度与待测物质绝对量有关，一般规定：mg 级 CV（变异系数或相对标准差）为 5%；μg 级 CV 为 10%；ng 级 CV 为 50%左右。

（三）检测限

检测限是指分析方法在适当的置信水平内，能从样品中检测到被测组分的最小量或最小浓度，即断定样品中被测组分的量或浓度确实高于空白中被测组分的最低量。

一般对检测限有几种规定方法。

1. 气相色谱法

用最小检测量或最小检测浓度表示。

最小检测量是指检测器恰能产生色谱峰高大于 2 倍噪声时的最小进样量。即：

$$S = 2N \tag{10-6}$$

式中 S——最小响应值；

N——噪声信号。

最小检测浓度是指最小检测量与进样量体积之比，即单位进样量相当于待测物质的量。

例 3：用气相色谱法测定聚氯乙烯成型品中氯乙烯单体的检测限。仪器噪声的最大信号为峰高 1.0mm，注入 0.5μg 氯乙烯标准制备的顶空气 3mL，响应值为 12mm，求最低检测量。

解：根据公式 $S=2N=2\times1.0\text{mm}=2.0\text{mm}$

由

$$\frac{\text{最小检测量}}{\text{最小响应值}}=\frac{\text{注入标准物质量}}{\text{标准物质的响应值}}$$

可知：

$$\text{最小检测量} = \frac{\text{最小响应值} \times \text{注入标准物质量}}{\text{标准物质的响应值}} = 2.0 \times 0.5/12 = 0.083(\mu g)$$

例 4：在例 3 中，如果注入 3mL 的空气相当于 0.5g 聚氯乙烯成型品，求最小检测浓度。

解：最小检测浓度 = 0.083/0.5 = 0.17(μg/g)

2. 分光光度法

在分光光度法中，扣除空白值后，吸光度为 0.01 所对应的浓度作为检测限。

例 5：利用镉离子与 6-溴苯并噻唑偶氮萘酚形成红色络合物，对食品中镉含量进行比色测定。对全试剂空白进行 5 次平行测定，吸光度平均值是 0.003，再测定 0.25μg 标准镉溶液，其吸光度为 0.023，求检测限。

解：由

$$\frac{\text{检测限}}{\text{最小响应值}}=\frac{\text{镉标准质量}}{\text{镉标准吸光度}-\text{空白吸光度}}$$

可知：

$$\text{检测限} = \frac{\text{最小响应值} \times \text{镉标准质量}}{\text{镉标准吸光度} - \text{空白吸光度}} = \frac{0.01 \times 0.25}{0.023 - 0.003} = 0.125(\mu g)$$

3. 一般实验

当空白测定次数 $n>20$ 时，给出置信水平 95%，检测限为空白值正标准差（s）的 4.6 倍。即：

$$\text{检测限} = 4.6 \times s$$

例 6：在例 5 中，当空白测定 $n>20$ 时，吸光度 0.003±0.001 相当于镉 0.0375±0.013μg，求检测限。

解：

$$\text{检测限} = 4.6 \times s = 4.6 \times 0.013 = 0.06(\mu g)$$

若空白测定次数 $n<20$ 时，检测限按式（10-7）计算：

$$\text{检测限} = 2\sqrt{2}t_f s \tag{10-7}$$

式中　t_f——置信水平为 95%（单侧），批内自由度为 f 时的临界值；$f=m(n-1)$，m 为重复测定次数，n 为平行测定次数。

例 7：用 2,3-二氨基萘荧光法测定硒，双空白测定 10 次，其空白值为（11.4±1.3）ng，求检测限。

解：根据 $f=m(n-1)=10\times(2-1)=10$

当置信水平 95%（单侧）时，查 t 值表可知 $t_{10}=2.23$

按式（10-7）：检测限 = $2\sqrt{2}t_f s = 2 \times 1.414 \times 2.23 \times 1.3 = 8.20(\text{ng})$

4. 国际理论应用化学联合会对检测限的规定

对于各种光学分析方法，可测量的最小响应值以式（10-8）表示：

$$x_L = \bar{x}_b + K \times s_b \tag{10-8}$$

式中 x_L——最小响应值；

$\bar{x}_b$——多次测量空白值的平均值（$n \geqslant 20$）；

s_b——多次测量空白值的标准差；

K——根据一定置信水平确定的系数（一般当置信水平为90%，空白测量次数 $n<20$ 时，$K=3$；置信水平为95%，$n>20$ 时，$K=4.65$）。

规定：

$$\text{检测限} = \frac{x_L - x_b}{m} = \frac{K \times s_b}{m} \tag{10-9}$$

式中 m——方法灵敏度，即单位浓度或单位量被测物质所产生的响应值的变化程度，在实际工作中，以标准曲线斜率度量灵敏度。

例8：在测定硒时，增加空白测定次数，其空白值为（10.1±0.95）ng，其灵敏度为0.54荧光单位/ng，求检测限。

解：按式（10-9）

$$\text{检测限} = \frac{x_L - x_b}{m} = \frac{K \times s_b}{m} = \frac{3 \times 0.95}{0.54} = 5.28(\text{ng})$$

从检测限定义可以知道，增加实际测定次数、提高测定精密度、降低仪器噪声可以改善检测限。

（四）费用与效益

费用与效益是目前国内外重视的问题。实验室工作人员应结合实际测试目标，选择或设计相应准确度和精密度的实验方法。用一般常规实验能够完成的测定，不必使用贵重精密仪器。检验员经训练能较好掌握某种测定方法的时间，也是评价实验方法的重要内容。“简单易学”在一定程度上意味着能保证检验质量。从实际工作需要出发，快速、微量、费用低廉、技术要求不高、操作安全的测定方法应列为一般实验室的首选方法。

二、实验结果的检验

在仪器分析中，常遇到两个平均值的比较问题，如测定平均值和已知值的比较，不同分析人员、不同实验室或用不同分析方法测定的平均值的比较，对比性实验研究等均属于此类问题。所以对这类问题常采用显著性检验法——利用统计方法来检验被处理问题是否存在统计上的显著性，常用的统计方法有 t 检验法和 F 检验法。

（一）t 检验法

t 检验法用于比较一个平均值与标准值之间或两个平均值之间是否存在显著性差异，进行 t 检验的程序如下。

1. 选定所用的检验统计量

当检验样本均值 $\bar{x}$ 与总体均值 μ 是否有显著性差异时，使用统计量：

$$t = \frac{\bar{x} - \mu}{s/\sqrt{n}} \tag{10-10}$$

式中　s——标准差；

n——样本测定次数。

当检验两个均值之间是否有显著性差异时，使用统计量：

$$t = \frac{\bar{x}_1 - \bar{x}_2}{\bar{s}} \times \sqrt{\frac{n_1 \times n_2}{n_1 + n_2}} \tag{10-11}$$

式中　$\bar{s}$——合并标准差，按式（10-12）计算：

$$\bar{s} = \sqrt{\frac{(n_1 - 1)s_1^2 + (n_2 - 1)s_2^2}{n_1 + n_2 - 2}} \tag{10-12}$$

式中　s_1^2——第一个样本的方差；

s_2^2——第二个样本的方差；

n_1——第一个样本的测定次数；

n_2——第二个样本的测定次数。

2. 计算统计量

如果由样本值计算的统计量值大于 t 分布表中由相应显著性水平 α 和相应自由度 f 下的临界值 $t_{\alpha, f}$，则表明被检验的均值有显著性差异；反之，差异不显著。

应用 t 检验时，要求被检验的两组数据具有相同或相近的方差（标准差）。因此在 t 检验之前必须进行 F 检验，只有在两方差一致的前提下才能进行 t 检验。

3. 假设检验的单尾检验与双尾检验

在进行检验结果分析确定检验水平时，还应根据其处理的性质和实验结果的准确性，考虑显著性检验用单尾检验还是用双尾检验。

在提出一个统计假设时，必然有一个与其相对应的备择假设。备择假设为否定原假设时，必然接受的另一个假设。例如，单个平均数进行显著性检验时，通常 H_0：$\mu = \mu_0$，H_A：$\mu \neq \mu_0$。如果 H_0 被否定接受 H_A 时，其 $\mu \neq \mu_0$，便有 $\mu > \mu_0$ 或 $< \mu_0$ 的两种可能性，即所测定的误差概率在正态分布曲线的左尾和右尾各有一个否定域，而临界 t 值表规定的 α 值是双尾概率之和。如果确定的检验水平 $\alpha = 0.05$，则双尾否定域的概率各 0.025，这类检验称为双尾检验。

但有的实验则不然，例如，某酿醋厂曲种酿造醋的乙酸含量大于 8%，则其假设 H_0：$\mu > 8\%$，H_A：$\mu \leq 8\%$。如果选择的曲种酿造乙酸含量大于 8%，H_0 被否定，μ 只能大于 8%。若小于 8%便不符合规定的企业标准，没有推广价值，因此只有在正态曲线的右尾的一个否定域，这类检验称为单尾检验。双尾检验查双尾概率表或单尾检验查单尾概率表时，可以直接从表上查得。如果双尾检验查单尾概率表时，需将检验水平值除 2，再查出 μ_α 值。如双尾检验检验水平 $\alpha = 0.05$，单尾概率 $\mu_{0.05} = 1.64$，应将检验水平 $\alpha = 0.05$ 除以 2 得 $\alpha = 0.025$，$\mu_{0.025} = 2.24$。如果单尾检验查双尾概率表时需将检验水平值乘以 2，再查出 μ_α 值，如单尾检验水平 $\alpha = 0.1$，$\mu_{0.1} = 1.64$，将检验水平乘以 2 得 $\alpha = 0.2$，查双尾概率表，得 $\mu_{0.2} = 1.28$。因此用单尾检验还是用双尾检验，应认真从实际考虑。

而 t 检验法为判别性测验，多为双尾检验。

下面将 t 检验法在食品分析中的主要应用介绍如下。

（1）用已知组成的标准样品评价分析方法　为了鉴定一个分析方法的可靠性，可用一已知量的基准物或已知含量的标准试样进行对照试验，通过若干次测定，取得其平均值，然后将这个平均值与已知值（真值）进行比较，从而判断这个分析方法是否存在系统误差。因为这时将平均值与真值进行比较，所以可以按 t 检验法来判别。逻辑推理是先假设平均值与真值之间不存在真正的差异，如果所算出的 t 值大于通常规定的置信水平的 t 值，那么，应该拒绝所提的假设，就是说，这样的差异不能认为是偶然的误差，反之，则应接受该假设，判断该方法不存在系统误差。

（2）两个平均值的比较　在进行分析方法研究的时候，往往要在两种分析方法之间、两个不同实验室之间或两个不同操作者之间进行比较试验。这时对同一试样各测定若干次，得到两组测定数据的平均值，以比较两个平均值来判断它们之间是否存在真正的差异。如果两组测定数据的精密度高，两个平均值相差又比较大，这种情况自然容易判断。有时，两组数据本身不很精密，而两个平均值相差又不太大，这就要利用统计分析法才能进行正确判断。两组测定的平均值都不是真值，在进行检验时，将两组数据看做同属一个总体来处理，计算统计量 t，与 t 值表中所得的 t 值（$f=n_1+n_2-2$）进行比较，便能作出判断。

（3）配对比较试验数据　在分析方法试验中，为了判断某一个因素的结果是否有显著影响，往往取若干批的试样，将其他因素固定下来，对某一因素进行配对的比较试验。这样的试验可以消除其他因素的影响而把被检验的因素突出出来，以便从随机误差的覆盖下找出被检验的因素是否存在真正的差异。例如，为了比较两个实验室的分析结果，取若干批试样交由两个实验室进行比较测定；为了比较两种分析方法的差异性，可以用两种不同方法对同一试样进行测定比较，也可以把一个试样交给几个人进行方法的比较试验等。

配对比较试验数据的判断，不是根据两组数据的平均值来比较，而是根据各组配对数据之差 D 来进行显著性的检验。

首先计算配对数据之差 D 和平均值 $\overline{D}$，标准差 S_D：

$$\overline{D}=\frac{\sum D_i}{n} \tag{10-13}$$

$$S_D=\sqrt{\frac{\sum(D_i-\overline{D})^2}{n-1}}=\sqrt{\frac{\sum D_i^2-(\sum D_i)^2/n}{n-1}} \tag{10-14}$$

然后计算统计量：

$$t_D=\frac{\overline{D}\times\sqrt{n}}{S_D} \tag{10-15}$$

如果计算的统计量值小于 t 分布表中相应在显著水平 α 和相应自由度 f 的临界值 $t_{\alpha,f}$，则表明被检验的两种方法测定结果是一致的。

（二）F 检验法

F 检验法是通过计算两组数据的方差之比来检验两组数据是否存在显著性差异。比如使用不同的分析方法对同一试样进行测定得到的标准差不同，或几个实验室用同一种分析方法测定同一试样，得到的标准差不同，这时就有必要研究产生这种差异的原因，通过这种 F 检验法可以得到满意的解决。

F 检验法步骤如下。

（1）计算统计量方差比。

$$F = \frac{S_1^2}{S_2^2} \tag{10-16}$$

式中　S_1^2，S_2^2——分别代表两组测定值的方差。

（2）查 F 分布表。

（3）判断　当计算所得 F 值大于 F 分布表中相应显著性水平 α 和自由度 f_1，f_2 下的临界值 $f_\alpha(f_1, f_2)$，即 $F > f_\alpha(f_1, f_2)$ 时，则两组方差之间有显著性差异；反之，则两组方差无显著性差异。

在编制 F 分布表时，是将大方差作分子，小方差作分母，所以，在由样本值计算统计量 F 值时，也要将样本方差 S_1^2、S_2^2 中数值较大的一个作分子，较小的一个作分母。

第四节　实验数据处理

一、分析结果的表示

食品分析项目众多，某些项目测验结果还可以用多种化学形式来表示，如硫含量，可用 S^{2-}、SO_2、SO_3、SO_4^{2-} 化学形式表示，它们的数值各不相同。测定结果的单位也有多种形式，如 mg/L、g/L、mg/kg、g/kg、mg/100g、质量分数（%）等，取不同单位时显然结果的数值不同。统计处理结果的表示方法也多种多样，如算术平均值 $\bar{x}$，极差、标准偏差等表示测定数据的离散程度（精密度）。

原则上讲，仪器分析要求提出的测定结果既反映数据的集中趋势，又反映测定精密度及测定次数，另外还要照顾仪器分析自身的习惯表示法。

通常，食品的分析中报出的测定结果采用质量分数，而对食品中微量元素的测定结果采用 mg/kg（$\times10^{-6}$）或 μg/mg（$\times10^{-9}$），统计处理的结果采用测定值的算术平均数 $\bar{x}$ 与相差 $R = x_{max} - x_{min}$ 同时表示。当测定数据的重现性较好时，测定次数 n 通常为 2 次；当测定数据的重现性较差时，测定次数应相应地增加。

二、实验数据的处理

通过测定工作获得一系列有关分析数据后，需按以下原则记录、运算与处理。

（一）记录与运算规则

仪器分析中数据记录与计算均按有效数字计算法进行，即：

（1）除有特殊规定外，一般可疑数为最后一位，有±1 个单位的误差。

（2）复杂运算时，其中间过程可多保留一位，最后结果须取应有的位数。

（3）加减法计算结果，其小数点以后保留的位数，应与参加运算各数中小数点以后位数最少者相同。

（4）乘除法计算结果，其有效数字保留的位数，应与参加运算各数中有效数字位数最少者相同。

（二）可疑数据的检验与取舍

1. 实验中的可疑值

在实际分析测试中，由于随机误差的存在，使得多次重复测定的数据不可能完全一致，而存在一定的离散性，并且常常发现一组测定使其中某一两个测定值明显地偏大或偏小，这样的测定值称为可疑值。

可疑值可能是测定值随机流动的极度表现。它虽然明显偏离其余测定值，但仍然是处于统计上所允许的合理误差之内，与其余测定量属于同一总体，称为极值，必须保留，然而也有可能存在这样的情况，就是可疑值与其余测定值并不属于同一总体，称其为界外值、异常值、坏值，应淘汰不要。

对于可疑值，必须首先从技术上设法弄清楚其出现的原因。如果查明是由实验技术上的失误引起的，不管这样的测定值是否为异常值都应舍弃，而不必进行统计检验。但是，有时由于各种缘故未必能从技术上找出出现过失的原因，在这种情况下，既不能轻易地保留它，也不能随意地舍弃它，应对它进行统计检验，以便从统计上判明可疑值是否为异常值。如果一旦确定为异常值，就应从这组测定中将其除掉。

2. 舍弃异常值的依据

对于可疑值究竟是极值还是异常值的检验，实质上就是区分随机误差和过失误差的问题。因为随机误差遵从正态分布的统计规律，在一组测定值中出现大偏差的概率是很小的。单次测定值出现$\mu \pm 2\sigma$（σ 为标准差，也用 S 表示）之间的概率为 95.5%（这一概率也称为置信概率或置信度，$\mu \pm 2\sigma$ 为置信区间），也就是说偏差$>2\sigma$ 的出现概率为 5%（这概率也称为显著概率或显著性水平）；而偏差$>3\sigma$ 的概率更小，只有 0.3%。通常分析检验只进行少数几次测定，按常规来说，出现大偏差测定值的可能性理应是非常小的，而现在竟然出现了，那么就有理由将偏差很大的测定值作为与其余的测定值来源不同的总体异常值舍弃它，并将 2σ 和 3σ 称为允许合理误差范围，也称为临界值。

3. 可疑值的检验准则

已知标准差：如果人们在长期实践中已知道了标准差 σ 的数值，可直接用 2σ（置信度 95.5%）或 3σ（置信度 99.7%）作为取舍依据。

未知标准差：一般情况下，总体标准差 σ 事先并不知道，而要由测定值本身来计算它，并依次来检验该组测定值中是否混有异常值，判别方法有许多，如狄克逊（Dixon）检验法、格鲁布斯（Grubbs）检验法、科克伦（Cochran）最大方差检验法等。下面详细介绍前两种方法。

（1）狄克逊（Dixon）检验法　此法也称 Q 统计量法，是指用狄克逊法检验测定值（或平均值）的可疑值和界外值的统计量，并以此来决定最大或最小的测定值（或平均值）的取舍。其中提到关于平均值的取舍问题，是由于有时要进行几组数据的重复测定，取几次测定值的平均值，只有一个可疑值取舍问题，也要进行检验。

现将狄克逊检验法检验步骤和方法说明如下。

①首先将一组测定值按由小到大的次序排列：即 $x_1 \leqslant x_2 \leqslant x_3 \cdots\cdots \leqslant x_{n-1} \leqslant x_n$，不言而喻，异常值（界外值）必然出现在两端。

②用表 10-4 中统计计算公式计算 Q 统计量。计算时，Q 统计量的有效数字应保留至小数点后 3 位。

③从表 10-5 中查出检验显著概率为 5% 和 1% 的 Q 统计量的临界值和 $Q_{0.05,(H)}$ 和

$Q_{0.01,(H)}$，其中 H 为受检验的一组按由小到大排列的测定值的最大的一个序数（也就是测定次数），从受检验的测定值的两个 Q 统计量计算值与 Q 统计量的临界值比较。

④判定：若计算统计量 $Q \leqslant Q_{0.05,(H)}$，则受检验的测定值正常接受。

若 $Q_{0.05,(H)} \leqslant H \leqslant Q_{0.01,(H)}$，则受检验的测定值为可疑值，用一个星号“*”记在右上角。查有技术原因的可疑值舍去，否则保留。

若 $Q > Q_{0.01,(H)}$，则受检验的测定值判为界外值（异常值），用两个星号“**”记在右上角，该值舍去。

⑤当Z（1）或Z（H）舍去时，还需对Z（2）或Z（H-1）再检验，注意此时统计量的临界值应为 $Q_{0.05,(H-1)}$ 和 $Q_{0.01,(H-1)}$，依此类推。但在舍去第二个测定值时要慎重考虑是否有其他原因。

表 10-4　统计计算公式

H	计算公式	公式用途
3~7	$Q_{10} = \frac{Z(2) - Z(1)}{Z(H) - Z(1)}$ $Q_{10} = \frac{Z(H) - Z(H-1)}{Z(H) - Z(1)}$	检验最小值 Z（1） 检验最大值 Z（H）
8~12	$Q_{11} = \frac{Z(2) - Z(1)}{Z(H-1) - Z(1)}$ $Q_{11} = \frac{Z(H) - Z(H-1)}{Z(H) - Z(2)}$	检验最小值 Z（1） 检验最大值 Z（H）
13 个以上	$Q_{22} = \frac{Z(3) - Z(1)}{Z(H-2) - Z(1)}$ $Q_{22} = \frac{Z(H) - Z(H-2)}{Z(H) - Z(3)}$	检验最小值 Z（1） 检验最大值 Z（H）

用狄克逊检验法检验的优点是方法简便，概率意义明确，现以气相色谱分析的一个实例来说明具体检验方法。

表 10-5　狄克逊法界外值检验的临界值

临界值			临界值		
H	5%	1%	H	5%	1%
3	0.970	0.994	11	0.502	0.605
4	0.829	0.926	12	0.479	0.579
5	0.710	0.821	13	0.611	0.697
6	0.628	0.740	14	0.586	0.670
7	0.569	0.680	15	0.565	0.647
8	0.608	0.717	16	0.546	0.627
9	0.564	0.672	17	0.529	0.610
10	0.530	0.635	18	0.514	0.594

续表

临界值			临界值		
H	5%	1%	H	5%	1%
19	0.501	0.580	30	0.412	0.483
20	0.489	0.567	31	0.407	0.477
21	0.478	0.555	32	0.402	0.472
22	0.468	0.544	33	0.397	0.467
23	0.459	0.535	34	0.393	0.462
24	0.451	0.526	35	0.388	0.458
25	0.443	0.517	36	0.384	0.454
26	0.436	0.510	37	0.381	0.450
27	0.429	0.502	38	0.377	0.446
28	0.423	0.495	39	0.374	0.442
29	0.417	0.489	40	0.371	0.438

例 9：用外标法定量，标准试样共进样 10 次，依次得到峰高（mm）如下：142.0，146.5，146.4，146.3，147.7，135.0，162.0，140.0，143.5，146.3，在取平均峰高之前，检验一下哪些测定值要舍弃？

解：①首先按由小到大顺序排列：135.0，140.0，142.0，143.5，146.3，146.3，146.4，146.5，147.7，162.0，受检验的是两个端值。

②根据表 10-4 公式，计算：

$$Q_{11} = \frac{Z(2) - Z(1)}{Z(H-1) - Z(1)} = \frac{140.0 - 135.0}{147.7 - 135.0} = 0.394$$

$$Q_{11} = \frac{Z(H) - Z(H-1)}{Z(H) - Z(2)} = \frac{162.0 - 147.7}{162 - 140} = 0.650$$

③从表 10-5 查出检验显著概率为 5%和 1%统计量的临界值为：

$$Q_{0.05(10)} = 0.530,\quad Q_{0.01(10)} = 0.535$$

④判定：由于 $Q_{11} < Q_{0.05(10)} = 0.530$，所以 135.0 值正常接受。

而 $Q_{11} > Q_{0.01(10)} = 0.535$，因此 162.0 值为界外值，舍弃不要。

如果计算的统计量 Q 介于 0.530~0.635 之间，则为可疑值，但本组数据不存在可疑值。

⑤舍去 162.0** 测定值后，还需检验 147.7 这一新的端值，就像重新提供一组测定值一样，还需要重新算起，只是此时 $H = 9$，即：

$$Q_{11} = \frac{Z(2) - Z(1)}{Z(H-1) - Z(1)} = \frac{140.0 - 135.0}{146.5 - 135.0} = 0.435$$

$$Q_{11} = \frac{Z(H) - Z(H-1)}{Z(H) - Z(2)} = \frac{147.7 - 146.5}{147.7 - 140.0} = 0.156$$

而查得 $Q_{0.05(9)} = 0.564 \quad Q_{0.01(9)} = 0.672$

由于　　　$0.435 < Q_{0.05(9)} = 0.564$　　$0.156 < Q_{0.01(9)} = 0.564$

故检验结果 135.0 及 147.7 均为正常保留值，应按 9 个计算平均值。

从例 9 不难看出，狄克逊检验法拒绝接受的只是偏差很大的测定值，它把非异常值误判为异常值的概率很小，而把异常值误判为非异常值的可能性则大些。因而用狄克逊检验的数据，精密度不可能有偏高的假象，是一个比较好的检验方法。同时也使我们认识到，实验数据不能随意取舍。比如有人做了三次重复测定，往往有两个测定值比较接近，另一个数据有较大偏差。有的人则喜欢从三个测定值中挑选两个“好”的数据进行计算，另一个数据则丢弃不管。实际上，根据统计原理从三个数据中挑选两个是不合理的，不科学的，要纠正这种盲目行为。

（2）格鲁布斯（Grubbs）检验法　本法用于一组测量值或多组测量值的平均值的一致性检验和排除异常值，应用格鲁布斯检验法时，按下述三种不同情况进行处理。

①在只有一个可疑值的情况下：

a. 将几个测定值由小到大排成 x_1，x_2，x_3……x_n，设 x_d 为检验的可疑值（包括最大或最小值）；

b. 计算统计量 G

$$G = \frac{|x_d - \bar{x}|}{s} \tag{10-17}$$

式中　$\bar{x}$——$\frac{\sum x}{n}$；

s——标准差；

x_d——被检验的最大或最小可疑值。

c. 查格鲁布斯检验临界值表查出相应显著性水平 α 和测定次数 n 的临界值 G_a，n；

d. 判断

当 $x_d \leqslant G_{0.05},\ _n$，则可疑值为极端值，应保留；

当 $x_d > G_{0.01},\ _n$，则可疑值为异常值，应舍弃；

若 $G_{0.05}, n < x_d < G_{0.01},\ _n$，则该值属技术原因产生的可以舍去，否则保留。

例 10：有 10 个实验室，对同一试样进行测定，每个实验室 5 次测定的平均值分别是 4.41，4.49，4.50，4.51，4.64，4.75，4.81，4.95，5.01，5.39。检验最大均值是否为异常值？

解：均值的平均值 $\bar{x} = \frac{\sum x_i}{n} = 4.75$

均值的标准差 $s_{\bar{x}} = \sqrt{\frac{\sum (x_i - \bar{x})^2}{n-1}} = 0.30$

所以，$G = \frac{|x_d - \bar{x}|}{s} = 2.13$

查表 10-6，当 $n = 10$ 和显著性水平 $\alpha = 0.05$ 时，$G_{0.05,\ 10} = 2.18$，$G < G_{0.05,\ 10} = 2.18$，表明最大均值 5.39 为正常值。

②如果可疑值有两个或两个以上，而且可疑值在同一侧，在检验时可以人为地暂时舍去

两个可疑值中偏差更大的一个，用 $n-1$ 个测定值计算平均值和标准差 s，检验偏差较小的一个可疑值，若为异常值则先前舍去的必然为异常值，若检验值为不异常值，这时再由全部 n 个测定值计算平均值和标准差，去检验舍去的那个可疑值，根据检验结果确定是否为异常值，再决定取舍。

③如果可疑值为两个或两个以上，并且分布在平均值两侧，检验方法同②。

表 10-6　　格鲁布斯检验临界值 G 表

n	显著性水平		n	显著性水平	
	0.05	0.01		0.05	0.01
3	1.15	1.15	17	2.47	2.78
4	1.46	1.49	18	2.50	2.82
5	1.67	1.75	19	2.53	2.85
6	1.82	1.94	20	2.56	2.88
7	1.94	2.10	21	2.58	2.91
8	2.03	2.22	22	2.60	2.94
9	2.11	2.32	23	2.62	2.96
10	2.18	2.41	24	2.64	2.99
11	2.24	2.48	25	2.66	3.01
12	2.29	2.55	30	2.74	3.10
13	2.33	2.61	35	2.71	3.18
14	2.37	2.66	40	2.87	3.24
15	2.41	2.70	50	2.96	3.34
16	2.44	2.74			

例 11：某实验室对同一试样进行 10 次测定的结果为：73.5，69.5，69.0，69.5，67.0，67.0，63.5，69.5，70.0，70.5。试问可疑值 63.5 与 73.5 是否为异常值。

解：这是两个可疑值分布在平均值两侧的情况，测定平均值为 68.9，两个值偏差分别是-5.4 和+4.6，因此，暂时舍去可疑值+63.5，用其余 9 个测定值去计算平均值 $\bar{x}$ 和标准差 s，检验可疑值 73.5。

这时：$\bar{x}=69.5$，$S=1.9$，$G=\dfrac{|x_d-\bar{x}|}{s}=2.11$

查表 10-6，当 $n=9$ 和显著性水平 $\alpha=0.05$ 时，$G_{0.05,9}=2.11$，$G<G_{0.05,10}=2.11$，表明可疑值 73.5 不能作为异常值舍弃，应该保留。

再用 10 个测定值计算：$\bar{x}=68.9$，$s=2.6$，$G=\dfrac{|x_d-\bar{x}|}{s}=2.1$

查表 10-6，当 $n=10$ 和显著性水平 $\alpha=0.05$ 时，$G_{0.05,10}=2.18$，$G<G_{0.05,10}=2.18$；表明可疑值 63.5 也不能作为异常值舍弃。

三、测定结果的校正

在分析过程中常常因为系统误差，使测定结果高于或低于检测对象的实际含量，即回收率不是100%，所以需要在样品测定时，用加入回收法测定回收率，再利用回收率按下式对样品的测定结果校正。

$$\omega = \frac{\omega_0}{P} \quad (10-18)$$

式中 ω——样品中被测成分的百分含量；

ω_0——样品中被测成分测得的百分含量；

P——回收率。

思考题

1. 什么是误差？误差根据其性质可分为几类？各自的定义是什么？

2. 什么是不确定度，典型的不确定度来源包括哪些方面？

3. 误差和不确定度有什么样的关系？

4. 怎样提高分析测试的准确度，减少不确定度？

5. 当有一组测量值，其总体标准偏差 σ 为未知，要判别得到这组数据的分析方法是否可靠，应该选择下列方法中的哪一种？

(1) 标准差法 (2) 格鲁布斯检验法 (3) F 检验法 (4) t 检验法

6. 回收率在一定程度上决定了方法的可靠性，一般可靠的回收率范围是多少？

7. 当测定次数很多时，标准偏差 σ 与平均偏差 $\bar{x}$ 之间关系是什么？

8. 两组分析人员对同一含 SO_4^{2-} 的试样用重量法进行分析，得到两组分析数据，要判断两人分析的精密度有无显著性差异，应该用下列哪一种方法？

(1) Q 检验法 (2) F 检验法 (3) μ 检验法 (4) t 检验法

9. 在上题中，若要判断两分析人员的分析结果之间是否存在系统误差，则应该选用下列哪种方法？

(1) F 检验法 (2) F 检验法加 t 检验法 (3) t 检验法

参考文献

[1] 张水华. 食品分析 [M]. 北京：中国轻工业出版社，2004.

[2] 郁桂云，钱晓荣. 仪器分析实验教程 [M]. 上海：华东理工大学出版社，2015.

[3] 胡坪. 仪器分析实验 [M]. 3 版. 北京：高等教育出版社，2016.

[4] 王宇成. 最新色谱分析检测方法及应用技术实用手册 [M]. 吉林：银声音像出版社，2004.

[5] 韦小华. 液相色谱仪各部件中的残留物质对分析测试结果的影响与处理措施 [J]. 计量与测试技术. 2018，45 (2)：77-79，83.

[6] 孔璐璐. 高效液相色谱技术中常见问题分析及解决方法 [J]. 实验室科学. 2021，24 (02)：95-98.

[7] 孔垂华，徐效华. 有机物的分离和结构鉴定 [M]. 北京：化学工业出版社，2003.